METEORS

AND HOW TO OBSERVE THEM

观测流星

Robert Lunsford

〔美国〕罗伯特·伦斯福德 著

何紫朝 译

上海三联书店

这本书献给我的妻子丹尼斯。由于我经常在外观测，与仙后座和仙女座为伴，导致她忍受了无数个孤独的夜晚。

译者序言

流星观测兼具科学性和趣味性，还带有浪漫气息，是深受大众喜爱的天文活动。本书系统介绍了流星的成因、观测和记录流星的方法以及各种可能出现的流星雨：既包括大家耳熟能详的年度大型流星雨，也包括一些新发现的流星雨、流量会波动的可变流星雨以及甚至在白天出现的白昼流星雨。

本书第一章和第二章是对流星形成的原因和流星种类的概论。对新手观测者来说，译者建议重点关注本书的第三章和第九章，这两章分别介绍了年度大型流星雨以及每个月都会出现的流星雨。对更为进阶的读者来说，可以依据自己的兴趣选择不同的部分阅读。第四章介绍了每年的小型流星雨，第五章介绍了可变流星雨，第六章和第七章分别介绍了白昼流星雨和一些未经国际天文学联合会确认的新流星雨。第八章则介绍了观测和记录流星数据的一些方法，依据这些方法而记录的数据甚至有助于科研。

译者要提醒读者的是，本书写作时间为 2008 年，而且流星雨每年都有新变化，因此，有的内容已经得到更新。比如，第七章中提到的一些之前未经确认的新流星雨已经得到国际天文学联合会的确认。读者在进行实际观测之前应该注意查询最新的观测列表。关于观测设备的讨论现在也有了新的情况。2008年时，数码单反相机还没有普及，因此作者谈到数码单反相机时说这种设备非常昂贵，但是现在它的价格下降了很多。另外，还要说明的是，本书附录部分的"流星雨日历"是依据2008年的流星观测情况编制而成。国际流星组织的官网每年都会推出新的流星雨日历，感兴趣的读者可去其官网下载，网址为 https://www.imo.net/resources/calendar/。

本书第十章谈到的流星观测组织中没有提及中国的组织。不过，我国各个省份或者大城市通常都有自己的官方天文学会或者天文爱好者协会，因此，读者可以自己留意这方面的讯息。

最后，建议零基础的观测者先熟悉一下本书附录中的专业术语释义，以便了解一些基本的天文学概念，如赤经、赤纬、ZHR、LST，等等。这对理解本书内容大有裨益。

由于译者水平有限，时间仓促，疏漏之处在所难免，恳请批评指正。

译者邮箱：leaveformoon@hotmail.com。

何紫朝

2022年11月

于国家天文台

序 言

　　在这个观测设备越来越先进的时代，流星观测是天文学的一个很特别的分支。人们用肉眼就能直接看到流星，无须相机、双筒镜或望远镜的帮助，只需找到一张舒适的椅子，躺下，静静等待那些绽放于高空之中的惊喜。同时，这也是一个让全家人都参与科学实践的好方法。因为在观看流星时，大家是共同参与其中的，而不是轮流在目镜前等待。孩子们特别喜欢寻找"流星雨"，对每一道划过天空的光线发出赞叹声和欢呼声。观测流星同时也有助于人们认识夜空，熟悉各种星座。看看你是否能在猎户座中看到"战士"，或者在天蝎座中看到"蝎子"。

　　直到不久前，人们还可以在自家院子里看流星。不幸的是，由于人类对黑暗的恐惧，以及商业广告的灯光照亮城市地区的夜空，这令身处城市中的人们只能看到那些最亮的星星。在这样的条件下，几乎不可能进行高质量的流星观测：有太多暗淡的流星被湮没在城市的灯光中。因此，如果要组织一次高质量的观测，大家要先去郊区，在那里就可以看到各种亮度的星星和流星。

观测流星，甚至提供有助于科学研究的流星数据，并没有想象的那么难。因为并没有多少人认真地观察我们头顶的星空，而专业人员又很少直接用肉眼观测，他们大都是借助计算机和相机自动记录数据或者图片。因此，流星观测者是如此之少，以至于在没有流星雨的夜晚，你可能是地球上唯一一个扫视夜空寻找流星活动的观测者。但这并不意味着你不会有意外的收获，比如，看到一些没有被预报的超新星爆发，以及比月球还亮的火流星。上天可能会奖励那些愿意在寒冷的早晨走出房间，与天空融为一体的人。

　　这本书能帮助你组织一次令人难忘的流星观测，理解和欣赏你所看到的东西，无论它出现在你家院子里还是远离城市的地方。

罗伯特·伦斯福德

于加利福尼亚州，丘拉维斯塔

目　录

第七章　可能的新流星雨 199

第八章　流星观测方法 241

/ 第一章 /

流星简介

这一章简要介绍了太空中的流星体遇到地球大气层并成为可见流星的过程。如果这颗流星在经过大气层后还能幸存，它就是我们常说的掉落地面的"陨石"。

1.1 太空中的流星

与大多数人的看法相反，大气层之外的宇宙空间其实是相当空旷的。如果太空中充满了各种小天体（就像科幻电影中经常描绘的那样），那我们应该一抬头就能看到流星。不管你在电影中看到了什么，在真实的太空中，人类所发射的飞行器（如人造卫星或者航天飞机）与太空中的小天体发生碰撞的概率其实是非常低的。即使在最剧烈的流星雨中，当流星持续出现在天空中时，它们之间的实际距离通常也有几千米远。

我们看到的流星，其物理本质大多数是太空中的小天体。它们在围绕着太阳转圈。在这个过程中，当它们的轨迹与地球大气层相交时（不管哪个角度），就会产生流星。这些小天体的体积大概与鹅卵石差不多。之所以大部分天体都很小，主要是因为那些大的天体通常更容易与其他天体发生碰撞而合成一个更大的天体，它们的体积会像滚雪球一样越滚越大，最终成为某个行星的一部分。我们太阳系的八大行星就是这样形成的。在这个过程中幸存下来的小天体则继续独自绕着太阳转圈，当它们进入地球大气层时，就成了我们看见的流星。这些小天体未来的命运会怎么样呢？大概有两种：要么继续绕着太阳旋转，要么被太阳的热量融化。但是，你可能会想，这样一来我们能看见的流星不就越来越少了？其实并不会，因为总会有新的成员可以变成流星（我们姑且称那些可以形成流星的物质为"流星物质"）。比如，从彗星上分离出来的碎片就可以充当新的流星物质。这些碎片之所以会被分离出来，要么是因为太阳的扰动，要么是因为自身的不稳定性。出于类似的原因，新的流星物质也可能来自太阳系中的数量庞大的小行星。那什么时候会产生流星雨呢？答案就是，当有大量的流星物质穿越地球大气层的时候。换句话说，就是一群流星物质的轨道与地球轨道有交集时。大多数彗星和小行星在其生命历程中都会受到扰动，并从许多不同轨道上绕太阳旋转，位于木星等主要行星附近的天体尤其如此。例如，著名的哈雷彗星是一颗长周期彗星，它绕太阳转一圈的时间是 76 年。目前，它距离人类大概几百万千米。由于太过遥远，哈雷彗星并不能直接充当流星物质，但是，每年的 5 月和 10 月，地球都会遇到产生于哈雷彗星的流星物质。这些物质是几百年前从哈雷彗星上分离出来的（当时哈雷彗星离地球的距离比现在更近）。

1.2 | 进入地球大气层的流星

　　当太空中的流星体进入地球高层大气层并燃烧时，它们就成了我们所看到的流星。摩擦使得流星和其周围空间的温度变得很高，从而发出各种颜色的光，这些光以及对应的颜色是在流星与大气层剧烈的相互作用过程中产生的。当流星体到达被称为热层的空气外层时（距离地球表面大概 121 千米），它们的轨迹会被拉长，成为划过夜空的直线（shooting stars）。这些物体在如此高的高度上是可见的，因为它们撞击大气层的速度非常快。流星撞击大气层的速度从 25,000 英里 / 时到超过 150,000 英里 / 时，这就相当于 7—42 英里 / 秒的范围。[1]即使是最慢的进入速度也比高速子弹快 5 倍以上。[2]较亮的流星往往看起来很近，但这是一种视觉错觉。在你的天空中出现了一半的东西，似乎就在山的那边降落，但对于 100 千米以外的人来说，却会在头顶上出现。人们惊讶于这些微小的颗粒可以在大范围内进行如此精彩的表演。

---

[1]　英里 / 时和英里 / 秒都是速度计量单位；1 英里 / 时约等于 1.61 千米 / 时，1 英里 / 秒约等于 1.61 千米 / 秒。后文不再换算。——译者注

[2]　Petzal, David E. (1992) How fast is a speeding bullet? *Field and Stream*. 97 : 23.

1.3 到达地球表面的流星

由于流星物质的超高速度，很少有流星在穿过地球大气层后还能幸存。特别是那些来自彗星的流星物质，它们的主要成分是冰，并且具有灰尘的稠度。而形成大部分年度流星雨的流星物质都来自彗星，因此，观测流星雨的人们基本上不可能捡到来自英仙座或狮子座的碎片。另外，来自小行星的流星物质则更有可能到达地面，因为它们是由石头和金属物质构成的。但总体来说，考虑到流星物质穿越大气层时的速度，这样的概率还是非常小的。那些能幸存下来的流星，大部分有着比较慢的速度和比较大的个头。这使得它们能在燃烧之后还能剩余一些物质。相比于太空中，这些流星在经过大气层时会经历大得多的力，因此，大部分流星在经过大气层之后都会留下一层烧灼后的外壳。如果找到的陨石带这些壳的话，说明它们到达地面的时间还不是很长。因为在日晒雨淋之下，这些壳会慢慢褪去，它们内部的真实样子会逐渐显露出来。

随着流星进入大气层的深度越来越深，它们的速度也越来越慢。到低空大气层时，它们的速度已经损失殆尽。这时，大气层对流星的摩擦燃烧也停止了，流星也因此暗淡下去。如果它们在穿过大气层后还能幸存，就会在重力的作用下不断加速，砸向地面——到达地面的速度大概是 300 英里 / 时。此后，大部分体形较小的陨石（流星落到地面后就是陨石）的最终归宿都是沉入海底或是被地表物质掩盖。较大一些的陨石可能会在地面上砸出一个大坑。

第二章

偶发流星

事实证明，所谓的偶发流星并不是完全无规律可循的。说它们偶发，主要是和"流星雨流星"形成一个对比。流星雨流星通常是在每年的固定季节出现，而偶发流星则是每天都有。偶发流星的流量并不大，大概每小时几颗，并且它们的出现受到地球在太空中运动的影响。在所有这些偶发流星的辐射体中，实际上只有一种流星物质足以产生比较容易在视觉上被观测到的流星，那就是"反日方向流星"。偶发流星的来源可以被分为两大类：一种是来自靠近太阳方向的流星物质，这被称为"近日方向流星"；与之相对的被称为"反日方向流星"，它们分布的位置在背向太阳的那个方向。在介绍反日流星的章节，我们会给出它们出现的位置和周期性增强的时间段。这两类流星所贡献的流量本应该是大致一样的，但是由于朝向太阳方向，受到太阳的光污染，因此近日方向的流星很少能被人们从视觉上观察到。

2.1 随机流星

人们所看到流星中的很大一部分是随机的，也就是说，它们不属于任何可识别的大规模流星雨。构成流星雨的物质实际上并不是一成不变的，而是随着小行星带中的成员小行星的变化而变化。在小行星带中，小行星们首先会受到太阳的引力而做圆周运动，其次对于质量较小的小行星而言，太阳风（太阳抛射出的物质的集合）的作用也是不可忽视的。通常而言，太阳风会把小质量的小行星吹往远离太阳的反方向，而大质量的小行星则有朝太阳方向运动的趋势。随着时间的推移，这些力量往往会驱散有组织的流星体。这个过程可能会持续几百年甚至上千年之久，取决于这些小行星与大的行星直接的相互作用情况。因此，所谓的偶发流星和流星雨流星并不是一成不变的，今天的偶发流星几千年之前可能属于某个流星雨，今天属于双子座流星雨的某个小行星在数千年后也可能成为偶发流星。

对于一场流星雨来说，当每个小时的最大流星数量降到 2 颗以下的时候，我们一般认为这场流星雨就结束了。随机流星也会闯入流星雨的阵营中，贡献每小时至少 1 颗的流量。因此，对于那些非常弱的流星雨（每小时只有 1 颗流星）而言，偶发流星甚至会使其流量翻倍。因此，有意义的流星雨列表会要求在流星雨达到极大时每小时至少要有 2 颗流星。也就是说，当你在看一场每小时平均有 3 颗流星的流星雨时，实际上随机流星会贡献其中 1/3 的流量。总体来说，对于那些低流量的小流星雨（每小时的流星数量小于 10 颗），随机流星将会贡献其中很大一部分的流星。对于那些更剧烈的流星雨来说，这个比例就相应地小得多了。

像流星雨流星一样，偶发流星活动的活跃程度随着季节和观测者所处位置的不同而不同。对于北半球的观测者来说，春季的偶发流星流量是一年中最低的。到了夏季，流量增加，并在秋季的 3 个月内达到最高值。冬季 1 月的流量是比较大的，但在 2 月和 3 月流量下降，在春季的某一时段，流量降至全年最低（图 2.1）。在南半球，活动曲线没有这么简单。在那里的夏季，1 月会达到一个偶发流星活动的高峰，然后在 2 月和 3 月期间活动率缓慢下降。4 月和 5 月，流量再次增加，到 7 月达到第二次高峰。8 月，

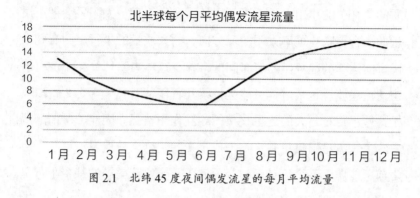

图 2.1　北纬 45 度夜间偶发流星的每月平均流量

流量急剧下降，并在 10 月降低到年度最低点。11 月，流量再次攀升，到 1 月达到全年最大值（图 2.2）。

人们曾经认为，偶发流星活动的年度变化主要是源于晨昏线与赤道的交角变化。从北半球看，该夹角在 9 月秋分点附近最大，在 3 月的春分点附近最小。这与一年中最强和最弱的偶发率大致吻合。从这个理论出发，人们预期南半球的情况应该是正好相反：3 月的流量最大，9 月的流量最小。

把这一理论的预言与实际的观测数据对比之后发现，南半球的偶发流星活动确实是在 9 月最小，但 6 月或 7 月的峰值和 3 月的次级最小值则完全不符合。因此，晨昏线与赤道的交角对偶发流星的活动影响很小。虽然目前对南半球流星活动的观测数据还是比较少，但大家基本同意，造成不同季节偶发流星活动流量波动的主要原因是在那一方向的流星物质的多少。

无论你身处南半球还是北半球，每天的不同时间段你所能看到偶发流星的数量也是不一样的。在下午 6 点你能看到的流星数量就非常少，这是由于此时地球的自转方向和流星的运动方向是一样的。这个时候，运动速度不及地球自转速度的小天体就难以

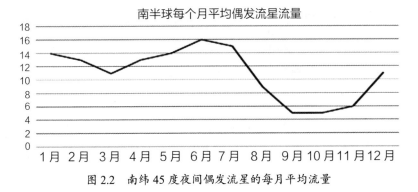

图 2.2　南纬 45 度夜间偶发流星的每月平均流量

形成流星。因此，很少有流星体能追上地球成为流星。这就像在雨天开车时，汽车的后窗所看到雨点比前挡风玻璃看到的少很多。随着夜晚的到来，情况慢慢改善。接近晚上 9 点时，地球已经向东旋转了 45 度，然而流星的流量依然很小。在这个时间段看到的任何流星活动，都是追上地球的流星群和以更垂直的角度撞击大气层的流星群的组合。午夜时分的流量仍然相对较低，所有的流星活动都来自那些近乎垂直撞击地球大气层的流星物质。

在这个时候，有一组特别的流星从黄道上的反日点附近辐射出来，这些流星被称作反日点流星。与偶发流星不同，它们不是由任何单一的天体产生的。这些流星将在下一节介绍。

过了午夜，观测者将开始看到从正面袭击地球的流星。正如图 2.3 所示，午夜之后看到的流星要比午夜之前多得多。原因是观测者现在可以看到垂直角度的流星和那些正面撞击大气层的流星。在凌晨 3 点左右，观察者正在观测地面接近天空的那部分。此时仍然会有一些速度较慢的流星从西半边天空的区域辐射出来，这些流星是流星物质以更接近垂直的角度撞击大气层产生的。不过，最值得注意的和数量较多的流星则是那些从东半边天空辐射出来的、速度非常快的流星。流量的最大值出现在清晨 6 点左右，此时几乎所有被看到的流星都是从正面袭击地球的。这种情况很像雨天坐在汽车里，看到砸到前挡风玻璃上的雨点会比侧面挡风玻璃的雨点更猛烈。不幸的是，黎明带来的阳光会在这个时间点干扰我们的观测。所以，最好的观测窗口通常是日出前的一两个小时。

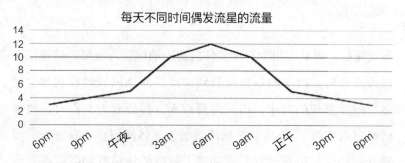

图 2.3　同一天不同时间偶发流星流量的变化情况，早晨 6 点达到极大值。

2.2 ┃ 反日点流星

　　反日点流星仍然被视为偶发流星的一种，但是它们并不是完全随机的，而是有着固定的来源。这来源就是一年中地球截获的那些顺行轨道面与黄道平面交角很小的天体。与太阳系的大多数成员一样，它们也绕着太阳运行，并且在到达它们轨道的近日点之前与地球相遇。但是，人们并不是很清楚这些小天体起源于哪里。大部分人认为，它们源于那些受到木星引力影响严重的小行星和彗星。它们在运行途中被地球的引力俘获。这些在轨道返航部分与地球相遇的流星被称为反日点流星。之所以这样命名，是因为它们在天空中出现的位置在太阳的反方向。如上节所述，它们经常出现在天空完全变黑之时，观测它们的最佳时间是当地标准时间凌晨一点（LST 0100）左右，这时它们位于地平线以上的最高位置。随着时间推移，反日点的辐射区域就会沉入西边的天空，黎明时分它将位于西边的地平线附近。辐射体的位置并不是严格地在反日点，这是由于反日点处的流星物质会受到地球运动所产生的向点吸引力的影响而偏离原来的位置。如果出现了这种情况，反日点流星的流星物质会往靠近地球的方向（东边）移动15度。相应地，反日点流星的辐射体也会往东边移动15度。

　　过去有一段时间，这些反日点流星被认为是一个单独的流星雨，这是由于它们出现的位置都比较固定，都在反日点附近。它们被划分为12个区域。有1月的巨蟹座δ，2月、3月和4月的室女座，5月的天蝎座α，6月的人马座，7月的摩羯座（不要与摩羯座α相混淆），8月的宝瓶座ι，9月的双鱼座南部，10

月的白羊座，11 月的金牛座（不要与金牛座北部和南部混淆），最后是 12 月的猎户座 χ。

在这些流星中，观测者很少关注反日点的流星，因为其流量很少超过每小时 3 颗。不过，在整个晚上和一年的时间里，从这个区域产生的慢速流星是源源不断的。在一次观测中，观测者几乎肯定能看到至少 1 颗反日点流星。与大多数流星雨的流星不同，反日点的流星的体积通常很大，而且很分散，弥散在赤经（天体经度）30 度的区域。在赤纬（天体纬度）上的弥散面积要小一些，使其总体上呈椭圆形。

如前所述，这些流星在整个夜晚都是可见的，但是在 LST 0100 左右，当辐射体位于最高点上，即位于天空中最高处时，看到的效果最好。对于那些过夏令时的人来说，反日点流星的高潮出现在凌晨 2 点。由于反日点流星距离天球赤道（celestial equator）不超过 23 度，所以一年之中无论在南半球还是北半球都能清楚地看到。反日点流星的轨迹沿着黄道，从 11 月底和 12 月初的北纬 23 度到 5 月底和 6 月初的南纬 23 度。因此，对于北半球的人来说，观看它们的最好时间是 11 月底到 12 月初，对于南半球的人来说则是 5 月底到 6 月初。

在 10 月和 11 月期间，巨大的反日点流星辐射与更活跃的南、北金牛座辐射相重叠。在这段时间里，观测者很难分辨看到的流星是来自金牛座还是反日点。因此，在每年的这个时候，大部分反日点流星都被归类为或南或北的金牛座流星雨。这可能会夸大金牛座流星的流量，但其实人们也没有更好的办法分辨这两者（表 2.1）。

表 2.1　一年中反日点流星辐射体的位置[1]

日期	赤经（度）	赤纬（度）	星座	日期	赤经（度）	赤纬（度）	星座
1月1日	113	+21	双子座	7月1日	292	−21	人马座
1月15日	127	+17	巨蟹座	7月15日	305	−18	摩羯座
2月1日	145	+13	狮子座	8月1日	321	−14	摩羯座
2月15日	159	+07	狮子座	8月15日	335	−08	宝瓶座
3月1日	173	+02	狮子座	9月1日	351	−03	双鱼座
3月15日	187	−04	室女座	9月15日	005	+03	双鱼座
4月1日	203	−09	室女座	10月1日	—	—	双鱼座
4月15日	218	−15	天秤座	10月15日	—	—	白羊座
5月1日	233	−19	天秤座	11月1日	—	—	金牛座
5月15日	247	−22	蛇夫座	11月15日	—	—	金牛座
6月1日	264	−23	蛇夫座	12月1日	081	+23	金牛座
6月15日	276	−23	人马座	12月15日	096	+23	双子座

在一年中的某些时候（表 2.2 列出了这些时间），反日点流星的流量比正常的每小时 2—3 颗流星略强。这些曾被误认为是其他独立流星雨流量的高峰。但事实上，这只过是到了反日点流星的流量比正常情况下略高的区域。

表 2.2　反日点流星比较活跃的时间段[2]

活动期	极大日期	辐射体位置[3]
1月2日—1月7日	1月4日	131 (08:44)+28

---

① McBeath, Alastair (2006) 2008 IMO Meteor Shower Calendar, 27.

② Molau, Sirko (2006) How Good is the IMO Working List of Meteor Showers? A Complete Analysis of the IMO Video Database. http://www.imonet.org/imc06/imc06ppt.pdf. Accessed 07 July 07.

③ 位置是用坐标表示的，第一个数字是 RA（赤经），范围是 0 度到 360 度。括号里是时角坐标，其实和前面那个数字是一个意思，只是不同的表示方法而已。第二个数字（包含正负号）是 Dec（赤纬），范围是 −90 度到 90 度。关于赤纬、赤经的概念，详见附录中的"专业术语释义"。——译者注

活动期	极大日期	辐射体位置
1月27日—2月5日	2月5日	160 (10:40)+09
2月5日—2月12日	2月12日	152 (10:08)+12
2月17日—2月26日	2月25日	162 (10:48)+03
3月18日—3月23日	3月22日	186 (12:24)+02
4月4日—4月9日	4月8日	220 (14:40)-08
4月16日—4月23日	4月23日	223 (14:52)-24
4月17日—4月23日	4月19日	218 (14:32)-18
4月27日—5月6日	5月5日	241 (16:04)-16
5月22日—5月30日	5月29日	254 (16:56)-16
6月5日—6月14日	6月6日	260 (17:20)-23
6月17日—6月26日	6月18日	274 (18:16)-30
6月23日—7月1日	7月1日	283 (18:52)-27
6月24日—6月30日	6月29日	290 (19:20)-21
7月16日—7月22日	7月21日	315 (21:00)-18
7月25日—7月31日	7月25日	326 (21:44)-23
7月30日—8月6日	8月2日	335 (22:20)-16
8月10日—8月16日	8月16日	336 (22:24)-04
8月8日—8月26日	8月22日	354 (23:36)+05
8月26日—9月8日	9月5日	358 (23:52)+04
9月1日—9月6日	9月5日	011 (00:44)-04
9月7日—9月12日	9月8日	010 (00:40)+01
9月10日—9月18日	9月14日	357 (23:48)-04
9月13日—9月23日	9月18日	010 (00:40)+08

2.3 近日点流星

近日点流星与反日点流星类似的是，这些流星只在其轨道的外侧与地球大气层相撞。因此，它们撞击地球大气层的位置也在朝向太阳那一侧，由于太阳的光污染，它们很少被看到。它们出现的区域几乎平行于黄道面，通常位于太阳东侧 15 度左右。这些流星不可能出现在完全黑暗的天空中，这是由于太阳必须低于地平线至少 18 度，才有可能出现这种完全的黑暗。因此，看到这些流星的唯一机会是在赤道附近，那里的黄昏是持续时间最短的。即便如此，这个机会也很渺茫，因为这些流星分布位置的赤纬比较低，很难被看见。基于雷达（而不是肉眼）观测，人们可以看到这些近日点流星。表 2.3 列出了来自国际天文学联合会（IAU）的与近日点流星有关的流星活动。

表 2.3　近日点流星雨[①]

名称	活动期	极大日期	辐射体位置
白昼盾牌座流星雨	12月30日—1月6日	1月4日	278 (18:32)−08
白昼摩羯座 χ 流星雨	1月17日—2月12日	2月1日	322 (21:28)+06
白昼宝瓶座 ε 流星雨	1月15日—2月13日	2月13日	310 (20:40)−07
白昼双鱼座 χ 流星雨	3月28日—4月21日	4月9日	020 (01:20)+21
白昼鲸鱼座 ω 流星雨	4月24日—5月27日	5月7日	356(23:44)+08
白昼白羊座 ε 流星雨	5月4日—6月6日	5月16日	045 (03:00)+21
白昼白羊座流星雨	5月22日—7月2日	6月7日	045 (03:00)+26
白昼御夫座流星雨	6月9日—7月25日	6月27日	093 (06:12)+31

① Jenniskens, Peter (2006) *Meteor Showers and Their Parent Comets*. 693—741, Cambridge, New York.

名称	活动期	极大日期	辐射体位置
白昼巨蟹座ζ流星雨	8月7日—8月22日	8月20日	120 (08:00)+19
白昼狮子座γ流星雨	8月18日—8月24日	8月22日	140 (09:20)+12
白昼室女座ψ流星雨	9月28日—10月24日	10月15日	194 (12:56)−0
白昼室女座ι流星雨	11月5日—11月7日	11月5日	210 (14:00)−04
白昼天蝎座δ流星雨	12月5日—12月7日	12月6日	247 (16:28)−25

2.4 ┃ 顶点流星

这一节要说的是另外一种流星。它们是由那些轨道倾角很高的围绕着太阳顺时针转动的长周期彗星（像哈雷彗星）产生的。它们在越过了近日点之后，可能会与地球相遇。由于它们的运动方向和地球的公转方向是相反的，所以它们撞击地球大气层的速度非常大，产生的流星也就非常明亮，并有持续的轨迹。它们往往在黎明时分撞击地球大气层，因此，日出之前几个小时内的观测效果最佳，此时的天空仍然非常黑暗。与之前谈到的近日点流星和反日点流星不同，与其说是这些物质撞上地球，不如说是地球撞上了它们。与始终位于黄道上的反日点流星不同，顶点流星形成了两个弥散的分支，分别大约位于黄道的北纬 15 度和南纬 15 度处，距离太阳以西 90 度。因此，它们在午夜时分升起，在 LST 0600 时升到天顶。

为什么会形成两个不同的分支？其中一种解释是，地球已经清除了其轨道附近（零倾角附近）的大部分物质，留下的都是黄道以北或以南的物质。美国流星协会（AMS）成员对这些流星的研究表明，这些流星的数量比反日点辐射的流星少，很难将它们从偶发的背景流星中分离出来。不过，在一年中的某些时候，来自顶点源的流量会更加明显。表 2.4 列出了这些时间以及流星的位置。

表 2.4　顶点流星比较活跃的时间段[①]

活动期	极大日期	辐射体位置
1月1日—1月6日	1月3日	176 (11:44)−23
6月16日—7月10日	6月24日	009 (00:36)+21
7月13日—7月21日	7月20日	021 (01:24)+36
7月25日—8月8日	8月6日	043 (02:52)+40
8月12日—8月17日	8月15日	040 (02:40)+36
8月19日—8月30日	8月24日	058 (03:52)+41
8月24日—8月30日	8月30日	074 (04:56)+15
8月28日—9月8日	9月6日	066 (06:24)−03
9月16日—9月23日	9月21日	074 (04:56)+08
10月24日—11月4日	11月3日	149 (09:56)+28
11月6日—11月11日	11月8日	146 (09:44)+45
12月9日—12月16日	12月9日	179 (11:56)+35

①　Molau, Sirko (2006) How Good is the IMO Working List of Meteor Showers? A Complete Analysis of the IMO Video Database. http://www.imonet.org/imc06/imc06ppt.pdf. Accessed 24 August 07.

2.5 反顶点流星

　　反顶点流星是由以逆行方向围绕太阳运行的物质在其轨道的入轨或近日点前部分遭遇地球而产生的。与产生顶点流星的来源一样，这些流星很有可能是由长周期彗星产生的。出现的位置也有两个分支，它们分别位于黄道线的南北两侧，即太阳的东边90度。这意味着观测它们的最佳时间是黄昏过后，刚刚天黑之时。再强调一次，反顶点流星雨不是真正的流星雨，它们是出地球在太空中的运动而"人为"产生的辐射体。此外，与顶点流星的剧烈活动截然相反的是，反顶点流星是天空速度最慢的流星之一。由于受到地球引力的影响，这些流星出现在天空中的位置相比于它们实际出现的位置其实有着不小的差距，这就是所谓"天顶引力"。它们出现的区域非常多，这使得对这些流星的分类非常困难。实际上，在黄昏出现的流星中，它们可能占据一半之多。由于反顶点流星的"人为"特征，我们建议观察者将它们简单地标记为偶发流星即可，不要在考证它们的来源方面花费过多的精力，把精力留给对真正流星雨的观测或许是更为明智的。

　　当反顶点流星处在天空中的最高处时，它们似乎会增加火流星出现的概率。研究显示，当辐射体上升到天顶时（2月中旬到4月中旬），从北半球看，火流星的活动剧烈程度是最大的。如果位置确实与剧烈程度相关，那么同样的情况应该发生在8月中旬到10月中旬的南半球。不幸的是，由于缺乏来自南半球的观测数据，这一关系目前还无法得到证实。

2.6 | 环形流星

与之前所有种类的偶发流星都不同，环形流星在其轨道中会不断地与地球大气层相遇。它们的轨道与黄道构成了很大的夹角。这种流星的来源尚不可知，但大部分人认为来自木星区域的彗星（同时也是近日点流星和反日点流星的物质来源）。[1]在所有偶发流星中，环形流星的占比很低。它们出现的区域大概在太阳的西边 90 度到黄道南北 50 度的区域。这些流星以近乎垂直的角度撞击大气层，其进入速度大约为 22 英里 / 秒，属于中等速度的流星。

在希尔科·莫劳（Sirko Molau）对国际流星组织（IMO）的视频数据库的分析中，已经确定了一系列北半球环形流星，尽管它们并不总是出现在预期的确切位置。这一观测分析结果表明，环形流星的辐射区非常大，并且分布得很散。表 2.5 中列出了报告的日期和位置。

表 2.5　在 IMO 视频数据研究中发现的环形流星的参数[2]

活动期	极大日期	辐射体位置	预期辐射体位置
3月30日—4月7日	3月31日	276 (18:28)+41	277 (18:32)+27

[1]　Jenniskens, Peter (2006) *Meteor Showers and Their Parent Comets*. 515, Cambridge, New York.
[2]　Molau, Sirko (2006) How Good is the IMO Working List of Meteor Showers? A Complete Analysis of the IMO Video Database. http://www.imonet.org/imc06/imc06ppt.pdf. Accessed 24 August 07.

活动期	极大日期	辐射体位置	预期辐射体位置
9月29日—10月5日	10月4日	080 (05:20)+83	114 (07:36)+73
10月6日—10月11日	10月7日	079 (05:16)+82	120 (08:00)+72
11月23日—11月29日	11月29日	199 (13:16)+65	187 (12:28)+53
12月6日—12月23日	12月20日	209 (13:56)+56	204 (13:36)+45

在列出的 5 个时段中，12 月末记录到的观测数据远远超过了平均值。由于缺乏来自南半球的数据，目前没有发现来自南半球的环形流星。在偶发流星出现的概率高的时候，普通观测者很难把环形流星和其他种类的偶发流星区别开来。

第三章

每年的大型流星雨

这一章将会介绍在一年中不同季节出现的九大流星雨。首先，我们将借助一张星位图介绍流星雨整个活动的轨迹，以及每个流星雨的参数，如在天空的位置、每天的辐射体漂移量和中心的移动速度。其次，为了帮助读者了解不同位置看到的流星雨的不同之处，我们也会利用广角图介绍四个不同纬度上看到的流星雨的路径。[①]了解了这个之后，读者就很容易理解，对于某个特定的流星雨来说，哪里是它的最佳观赏位置。另外，本章还将给出一些实拍的照片。

　　我们将要介绍的这九个流星雨都是每年周期性出现的。当它们处于极大活动期时，产生的每小时天顶流星数（ZHR）都大于10。这九个流星雨的名单是相当稳定的，现在的名单和1950年的名单并没有太大区别。虽然它们的极大活动日期可能略有变化，但这些年复一年出现的流星雨应该成为观测者的重点关注对象。

　　尤其对新手观测者来说，更应该关注这些流星雨，因为这些流星雨的活动非常剧烈，很适合他们磨炼自己的观测技能。虽然这些流星雨全年都有，但它们主要集中在下半年出现。只有象限仪座流星雨、天琴座流星雨和宝瓶座 η 流星雨在上半年达到极大期。北半球的观测者也有明显的优势，因为大部分的流星雨都会出现在他们的天空中。相比之下，南半球的观测者们只能看到5月的宝瓶座 η 流星雨和7月的宝瓶座 δ 流星雨。

① 对其中的几个流星雨，如象限仪座流星雨，作者仅给出了三幅图，缺少南半球的，这是因为它们在南半球几乎难以观测到。——译者注

在我们将要介绍的这些大型流星雨中，大部分的流星雨都是从正面撞击地球的，因此，它们产生的活动非常剧烈。当然，流星撞击地球大气层时与地球所成角度也会很大程度地影响其活动的剧烈程度。那些垂直入射的流星，剧烈程度是最大的。角度越大，剧烈程度就越小。同样，流星入射时，在观测者天空中的位置也会影响剧烈程度。那些出现在辐射体附近的流星的移动速度看上去会比较慢，因为它们在天空中划过的距离会看上去比较短。换句话说，这些流星是朝着观测者射来的，这就导致它们的移动距离看起来变短了。在天空中较低位置出现的流星的路程看上去也会更短一些，因为它们正在往远离观测者的方向飞去。[①]当出现在辐射体附近或者地平线附近时，即使是那些垂直撞击地球大气层的流星看上去也有可能是低速的。那些以 11—20 英里 / 秒低速度撞击大气层的流星，就绝不可能成为一颗看上去移动速度很快的流星。每次流星雨之中，速度最快的流星将出现在距离辐射体 90 度的地方。在这个距离上，流星入射的位置越高越好。

所有这些流星雨的最佳观测时间都是在凌晨，凌晨同样也是偶发流星活动最剧烈的时候。不过这对于白天需要上班的人来说不是一个好消息。只有 12 月双子座流星雨的极大期时间是午夜之前。对于上班族来说，最理想的情况应该莫过于流星雨达到极大期的时间正好是周末，而且天空中碰巧没有月亮。如果这种情况真的出现，那我建议你不要错过！

在本章中，我们按照流星雨在一年中出现的时间顺序逐一介绍它们。这些流星雨的名字基本上都来源于该流星雨极大出现的

---

① 无论是远离或者朝向观测者运动，都会降低流星在天空中的移动速度。因为有一部分速度被用于远离或者朝向观测者运动，而这些运动肉眼是看不出来的。——译者注

天区。名称是以拉丁文方式呈现的，这也是自 19 世纪以来，流星雨首次被命名时就形成的惯例。括号中给出的缩写是国际流星组织使用的流星雨代码，而数字则来自国际天文学联合会的流星雨列表。

　　我们将会看到，每个流星雨都有自己的特点。我们讨论的内容包括不同的活动期、活动期间的辐射体漂移以及整个活动期间可被观测到的流星流量。最后，我们将从四个不同的有利观测位置（北纬 50 度到南纬 25 度）来展示每个流星雨的可见度。下文的图表将展示每个不同纬度的代表性流星雨，以及实拍的流星雨照片。

3.1 | 象限仪座流星雨（QUA）#10

> 活动期：01/01—01/05
>
> 极大日期：01/03
>
> 极大时的辐射体位置：239（15:20）+49[①]
>
> 每晚的辐射体漂移：RA +0.8 度，Dec −0.2 度[②]
>
> 相对地球的速度：30 英里 / 秒

象限仪座流星雨是一年中率先登场的流星雨，它大量出现的时间在元旦后不久。它的 ZHR 在 1 月 1 日时达到 1，两天后，极大活动就会出现，到 1 月 5 日，ZHR 就会回落到 1。因此，最佳的观测时间段只有 5 天左右。如果不巧遇见了坏天气，那整个观测就被毁了。

在有些年份中，象限仪座流星雨可能是流量最大的一个。它到达极大时的 ZHR 大概是 120，可惜这个极值只能维持数小时。因此，人们很难能够完整地观测到它的极大。比较理想的观测地点是北半球高纬度地区。不幸的是，高纬度地区每年的这个时候天气都不是很理想。大部分时候都是多云天气，而且气温极低。更为棘手的是，该时间段中，非常明亮的月亮每隔至少三年的时

---

① 与第二章表格中的位置一样，前一个数字表示赤经，后一个数字（包括正负号）表示赤纬，括号内是赤经的另外一种表达方式（时角坐标）。——译者注
② 这是辐射体每晚在赤纬（RA）、赤经（Dec）上的移动位置，正负号表示方向。——译者注

间就会出现一次，如此便使得无月、无云的夜空难以遇到。

达到极大期时，象限仪座流星雨大部分位于239（15:20）+49处。这个位置在牧夫座东北方向的空旷地带，在二等星①瑶光（大熊座 η 星）以东约20度。最近的亮星是三等星七公增五（牧夫座 β 星），它位于象限仪座流星辐射体西南方向8度。由于活动时间短，辐射路径也很短。流星在活动的5天里，作为整体一共向东移动了3度和向南移动了1度（图3.1）。

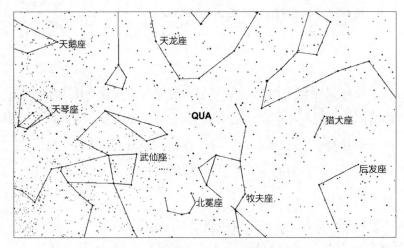

图 3.1　象限仪座流星雨辐射体的位置

从北纬50度处看，象限仪座流星雨的辐射体是绕极（circum-polar）的，②无论白天还是晚上都在地平线以上。在黄昏结束时，流星辐射体位于西北方向的天空，在地平线以上15度。如果这时的流星雨强度很大，那就能看到一些流星朝辐射体上方飞射。

---

① 二等星指的是星等为 2.0 的星星。星等是衡量星星明暗程度的数值，分正负，数量越小，星星就越亮，反之则越暗。——译者注
② 绕极意味着该辐射体不会升起或落下，而是一直围绕北极星转圈。——译者注

在这个高度上，只有 26% 的象限仪座流星雨能被观测到，其余 74% 的流星活动发生在观测者视野之外的大气层部分。要想看到更多的流星，唯一的方法是继续向北前进，随着纬度的升高，辐射体会升到天空中更高的位置。而如果再往低纬度地区走，就更难以在晚上观测到这个流星雨了。因为在更低纬度的地区，当天色变得足够暗时，辐射体就已经位于地平线之下了。在北纬 50 度的位置，辐射体将会在当地时间的晚上 6 到 7 点之间最接近地平线，然后开始缓慢地爬升到东北方向的天空，曙光出现时在天空中的位置升到最高点。这也是观测象限仪座流星雨的最佳时间。当然，如果极大也在同一时刻出现，那将是最理想的情况。

如果从北纬 25 度看象限仪座流星雨，黄昏的时候是肯定看不见的，因为辐射体还在地平线以下。直到午夜，它才会逐渐升起。所以，晚上基本上没有机会看到，而是要等到早上，这时，它会缓慢上升到东北方向的天空，并在晨曦到来之前达到大约 55 度的高度。到了这个高度，大约 80% 的流星是可见的。总之，在这个位置，观测者基本上没有机会看到所有的流星，假设观测的极限星等①是 6.5 等，ZHR 是 120，即使在最理想的条件下，你每小时也只能看到 100 颗左右的流星。

从赤道上看，情况甚至更糟。因为流星雨直到当地时间凌晨 2 点才开始上升，3 小时后，到达东北地平线以上 30 度的位置。在这个高度上，只有 50% 的象限仪座流星是可见的。在 ZHR 为 120 的情况下，每小时只能看到 60 颗流星。

在南半球，几乎观测不到象限仪座流星雨的活动。从南纬 25 度开始，在黎明时分，流星雨的辐射体大概才到地平线以上

---

① 极限星等，指观测星空时所能看到的最暗星星的星等，具体可看本书第八章第一节。——译者注

几度的位置。在这个遥远的南方，最有可能观测到它的时间段是在太阳变得特别亮之前，在东北方向的地平线附近，那将是罕见的掠地流星。

另外，在南半球的任何经度上，都基本不可能看到 ZHR 为 120 的象限仪座流星雨，在最好的情况下，观测者大概每小时能看到 25 到 50 颗流星。大概每隔 10 年，人们才有机会看到每小时有超过 50 颗流星的象限仪座流星雨。总而言之，想从南半球欣赏这个流星雨是一件极其困难的事情。

象限仪座流星以 30 英里 / 秒的速度撞击地球的大气层，属于中等速度的流星。观测者的不同位置和流星在天空中的位置也会影响他们看到的流星的速度。观测者如果处在那些远离辐射体的位置，或者流星位于高空，看到的速度就会快些。反之，在流星位于地平线附近，或者观测者离流星辐射体比较近的情况下，观测者所看到的流星的速度会比较慢。因为这两种情况都会减少流星轨迹的长度，但持续的时间保持不变。这就导致了它们的移动速度看起来更慢。

直到最近，人们还不能确定这个流星雨来源于什么天体。最初，人们认为是由"梅克贺兹一号"彗星（96 P/Machholz）的碎片产生的。之后，彼得·杰尼斯肯斯（Peter Jenniskens）博士的研究表明，小行星 2003 EH$_1$（可能是彗星 C/1490 Y$_1$ 的碎片）最有可能是形成这个流星雨的母天体[1]（表 3.1，图 3.2—图 3.6）。

---

[1] Jennsikens, Peter (2006) *Meteor Showers and Their Parent Comets*. 368–376, Cambridge, New York.

表 3.1　在不同纬度上看到的象限仪座流星雨的辐射体高度

当地标准时间	18	19	20	21	22	23	00	01	02	03	04	05	06
北纬50度	15	12	10	10	12	15	19	25	33	40	48	57	68
北纬25度	−8	−13	−16	−16	−13	−7	−2	7	15	25	34	43	52
赤道	−32	−37	−40	−40	−37	−31	−22	−14	−5	6	15	23	—
南纬25度	—	—	−65	−65	−60	−52	−43	−33	−23	−14	−6	—	—

图 3.2　一颗明亮的象限仪座流星，位于乌鸦座。

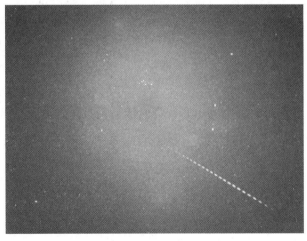

图 3.3　一颗尾迹很长的象限仪座流星，位于双子座旁边。

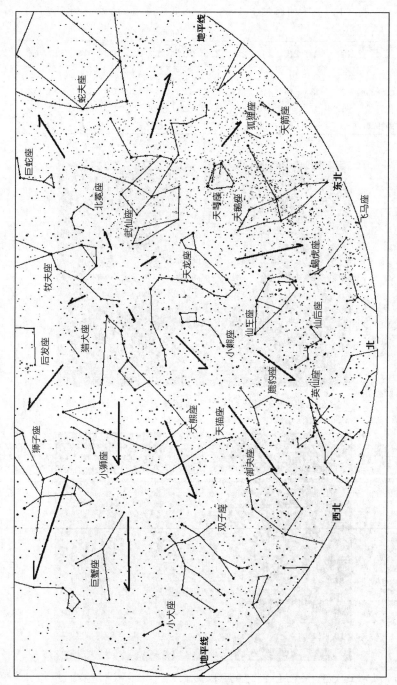

图 3.4 从北纬 50 度观测象限仪座流星雨的活动情况，朝北，黎明时分。

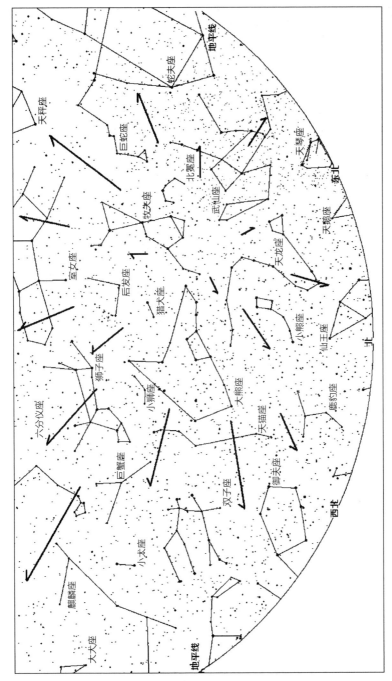

图 3.5 从北纬 25 度观测象仪座流星雨的活动情况，朝北，黎明时分。

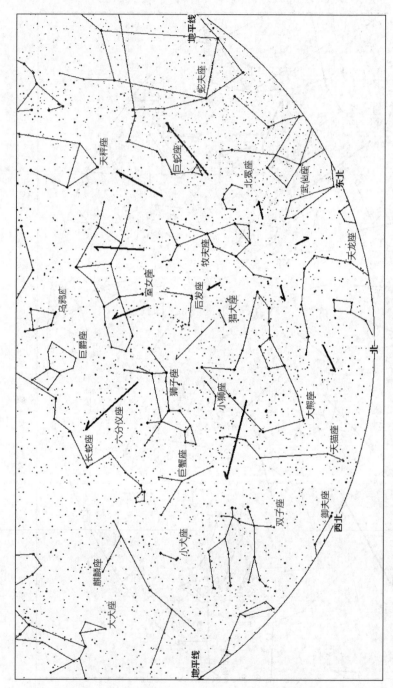

图 3.6 从赤道位置观测象限仪座流星雨的活动情况，朝北，黎明时分。

3.2 ┃ 天琴座流星雨（LYR）#6

活动期：04/16—04/25

极大日期：04/22

极大时的辐射体位置：272（18:08）+34

每晚的辐射体漂移：RA +1.1 度，Dec 0.0 度

相对地球的速度：30 英里 / 秒

　　在象限仪座流星雨出现的三个多月后，第二个大型流星雨天琴座流星雨登场。虽然它被命名为天琴座，但其实在它的整个活动期间，流星出现的位置都位于武仙座。之所以会出现这种情况，是由于在第一次命名该流星雨时，每个星座的边界还没有统一界定。又因为辐射体出现的位置确实非常靠近天琴座的亮星织女星，被命名为天琴座流星雨也不是不能理解。相比之下，武仙座是一个暗淡的星座，那时对它边界的划分并不是非常准确。

　　天琴座流星雨是 4 月中旬开始出现在武仙座中部的，这时的流量通常不超过每小时 1 颗。随着时间的推移，活动会略有增加，直到 4 月 22 日达到极大期。之后，流量逐渐减少，直到 4 月 25 日，会下降到 ZHR 低于 1 的流量（图 3.7）。

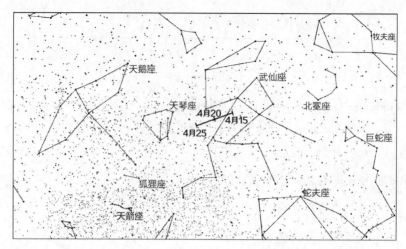

图 3.7　天琴座流星雨辐射体的漂移

　　另外，在不同年份，该流星雨的极大流量可能会有波动。大多数时候，极大流量在每小时 10 到 25 颗之间。但是，当地球穿过撒切尔彗星（comet Thatcher）产生的尘埃轨迹时，在短时间内极大流量可能会接近甚至超过每小时 100 颗。据预测，这个现象下一次出现是在 2040 年和 2041 年。[1]

　　天琴座流星雨到达极大时，它的位置是 272（18:08）+34。也就是说，位于武仙座的东部，在织女星西南方 8 度。从北纬 50 度来看，黄昏时，流星雨位于靠近东北地平线的位置。它整晚都在向南边的天空爬升。在黎明时分，达到最大高度 75 度。

　　从北纬 25 度看，流星雨大概在 LST 1930（夏令时 LST 2030）时分才上升到地平线以上。在接近 LST 0400 时分辐射体到达顶点，此时它几乎位于天顶。曙光要个把小时后才会露出，所以这几个小时也是观测它的最佳时间段。如果这时恰好是无月夜，那

---

[1]　Jennsikens, Peter (2006) *Meteor Showers and Their Parent Comets*. 618, Cambridge, New York.

观测者能看到的流星的流量大概能达到所期望的 ZHR。

当观测地点进一步向南移动时，情况又会变得更糟一些。相比于在更北方的天空，此时所看到天琴座流星雨又会更接近地平线一些。从赤道上看的话，大概在 LST 2200 时分，流星雨会升起，在 LST 0400 到达顶点。但其与地平线的夹角有 56 度，在这个高度上，观测者大概可以看到 83% 的流星雨活动。因此，赤道上的观测者仍然可以很好地看到这个流星雨。

从南纬 25 度看的话，天琴座流星雨的辐射体将会在接近 LST 2300 时分上升。然后在 LST 0400 时分，当它位于北方地平线 31 度以上时，在正北方向达到最高点。在这个高度，就只能看到大概 50% 的流星活动了。所以，在这个纬度上，天琴座流星雨的流量每小时很少能超过 10 颗。

在南纬 56 度以下，依然可以看到部分的天琴座流星雨。再往南，大部分的辐射体就会位于地平线以下了，只有少部分掠地的流星能被看到。如果位于南纬 60 度以下，就完全不能看到这个流星雨了（表 3.2，图 3.8—图 3.13）。

表 3.2　在不同纬度上看到的天琴座流星雨的辐射体高度

当地标准时间	18	19	20	21	22	23	00	01	02	03	04	05	06
北纬50度	—	—	10	17	25	35	44	53	63	71	74	—	—
北纬25度	—	−17	−8	2	13	25	37	50	62	73	81	73	—
赤道	—	−36	−24	−13	−1	12	24	35	45	53	56	53	—
南纬25度	−63	−53	−38	−26	−14	−3	8	17	24	28	31	28	24

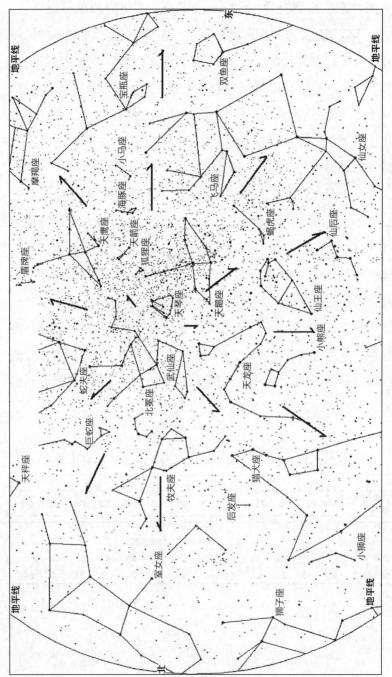

图 3.8 从北纬 50 度观测天琴座流星雨的活动情况，朝北，黎明时分。

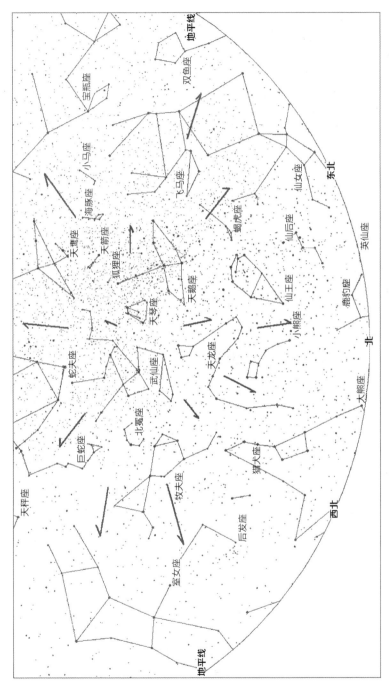

图 3.9 从北纬 25 度观测天琴座流星雨的活动情况，朝北，黎明时分。

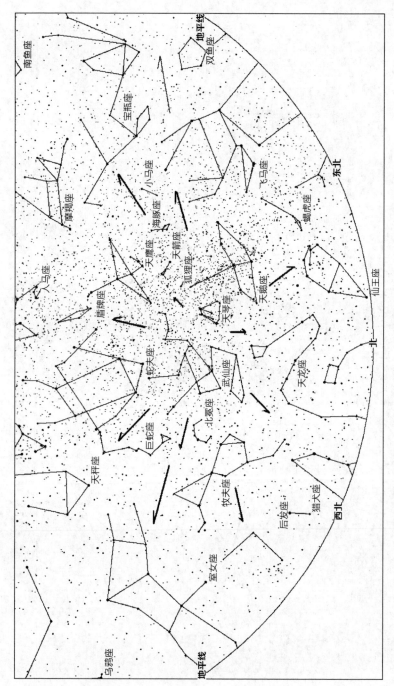

图 3.10 从赤道位置观测天琴座流星雨的活动情况，朝北，黎明时分。

图 3.11　从南纬 25 度观测天琴座流星雨的活动情况，朝北，黎明时分。

图 3.12　天琴座流星雨的长流星从大角星（牧夫座 α 星）旁边经过。

图 3.13　天琴座流星雨的流星在云间出现。

3.3 宝瓶座 η 流星雨（ETA）#31

> 活动期：04/19—05/28
>
> 极大日期：05/05
>
> 极大时的辐射体位置：339（22:36）−01
>
> 每晚的辐射体漂移：RA +0.9 度，Dec +0.4 度
>
> 相对地球的速度：41 英里 / 秒

当天琴座流星雨达到极大时，黎明时分，观测者可能会看到一些速度很快、轨迹很长的流星从东部地平线上射出，它们就属于本节要讲的宝瓶座 η 流星雨。宝瓶座 η 流星雨的流量是南半球可见的几个主要流星雨中最大的一个。它到了 4 月 19 日 ZHR 达到 1 颗，之后流量缓慢增大，不过这个增长过程并不是匀速的，在 5 月 2 日之前的流量都比较小，之后便进入长期的稳定期，并在 5 月 5 日达到极大。与大多数流星雨不同，宝瓶座 η 流星雨没有一个尖锐的峰值。这也就意味着并没有一个特定的最佳观测日期。5 月 5 日前后一周的任何一个夜晚，都可以被看作最佳的观测日期。当然，越接近这个日期越好，因为 5 月 5 日是地球最接近哈雷彗星的日子。地球离哈雷彗星主体的距离是很远的，与地球相遇的只是哈雷彗星抛出的物质。毕竟地球与哈雷彗星的主体已经分别几百年了。

出于这个原因，目前哈雷彗星不会为地球提供新的流星物质了。之前分离出来的那些物质形成了 5 月的宝瓶座 η 流星雨和

10月的猎户座流星雨。宝瓶座 η 流星雨的活动会持续整个 5 月，直到 28 日，ZHR 会下降到 1 颗。整个活动期间，平均 ZHR 为 60 颗，但实际观测的流量经常比这个值小得多，这是因为在太阳升起之前，辐射体没法上升到天顶。

从流星雨的辐射体移动的情况来说，辐射体会从宝瓶座的西边开始移动。其间会穿过宝瓶座标志性的"宝瓶"（也有人称之为"和平标志"）。这个由四等星组成的紧密星群是辐射体出现极大时最明显的参照物。辐射体会在 5 月 15 日进入双鱼座，并在剩下的几天中位于双鱼座西部昏暗恒星形成的圆环处（图 3.14）。

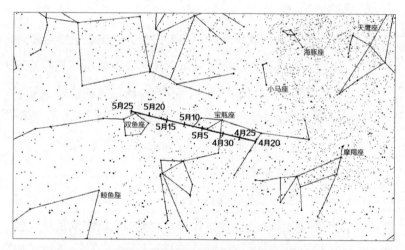

图 3.14　宝瓶座 η 流星雨辐射体的漂移

宝瓶座 η 流星雨靠近天球赤道，原则上讲，这决定了观测者在南北两个半球都能看到它。但是，实际情况并非如此。由于在那个季节北半球的夜晚较短，因此，阻碍了北半球观测者的观测。从北纬 50 度来看，破晓时分，辐射体的位置仅仅在东方地平线以上 13 度。在这么低的高度上，只有不到 25% 的流星活动能被看到，每小时看到的流星几乎不可能超过 10 颗。

如果从北纬 25 度看，情况会稍微好一些。流星雨辐射体在接近 LST 0130（夏令时 LST 0230）升起，到了 LST 0430 时，高度增加到 39 度。这时 ZHR 能达到 60，在光污染小的条件下，有 63% 的活动能被看到，也就是每小时能看见 38 颗流星。但一般情况下，黎明时分是流星雨观测的终点，黎明之前的一个小时里，流星雨都还不能升到 39 度；而黎明时观测条件变差，使得每小时看到的流星数量减少。据报道，从北纬 33 度看到的宝瓶座 η 流星雨的数量是每小时 32 颗。若流星雨能在极大时被看到，那么再往南些，观测者就能看到更多的流星雨。

从赤道上看，宝瓶座 η 流星雨的辐射体升起的时间依然是 LST 0130 左右。但是，由于此处的夜晚比较长，观测者有更多机会看到流星雨。具体来说，直到 5 时 15 分左右都是观测窗口期。在这个时候，辐射体的高度是 55 度，观测者能够看到 82% 的流星雨活动。赤道是观看该流星雨的理想位置，但是，由于缺乏位于该位置的观测者以及更南边的观测者，相关数据的收集受到阻碍。

从南纬 25 度看，宝瓶座 η 流星雨的辐射体仍然在 LST 0130 升起。这是由于该辐射体位于天球赤道附近，所以影响升起时间的只是观测者所处经度，而与纬度无关。同一经度的观测者看到的升起时间都是一样的。黎明时分（LST 0530），辐射体位于东南地平线上方约 55 度。这些情况与赤道上看到的情形是完全一样的。其原因是，随着观测者往南移动，不仅辐射体升起得越来越晚，夜晚的长度也在相应地变长，所以在这些不同纬度的区域的观测条件是一样的。但在南纬 25 度以南，由于夜晚的长度增加的速度超过了辐射体高度降低的速度，就不太适合观测该流星雨了（表 3.3，图 3.15—图 3.21）。

表 3.3　在不同的纬度上看到的宝瓶座 η 流星雨的辐射体高度

当地标准时间	18	19	20	21	22	23	00	01	02	03	04	05	06
北纬50度	—	—	—	-36	-32	-24	-15	-6	4	13	—	—	—
北纬25度	—	—	-66	-58	-48	-35	-21	-8	5	19	33	—	—
赤道	—	-81	-83	-68	-53	-38	-23	-8	7	22	37	53	—
南纬25度	-55	-63	-63	-56	-47	-34	-20	-7	7	20	33	47	57

图 3.15　在宝瓶座 η 流星雨辐射体上升到地平线上之前，出现了一颗长长的掠地流星。

图 3.16　一颗明亮的宝瓶座 η 流星飞向海豚座。

图 3.17　一颗明亮的宝瓶座 η 流星掠过飞马座。

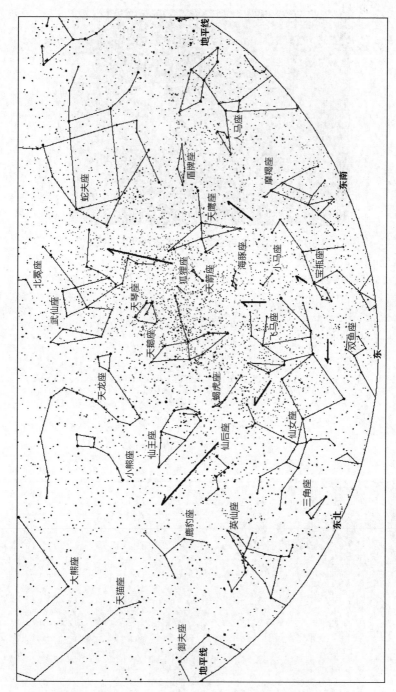

图 3.18 从北纬 50 度观测宝瓶座 η 流星雨的活动情况，朝东，黎明时分。

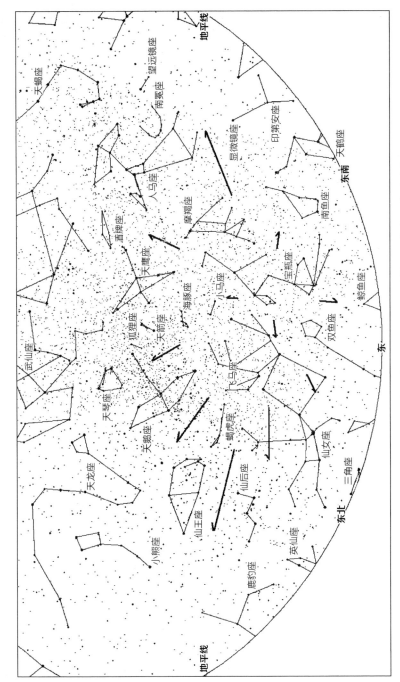

图 3.19 从北纬 25 度观测宝瓶座 η 流星雨的活动情况，朝东，黎明时分。

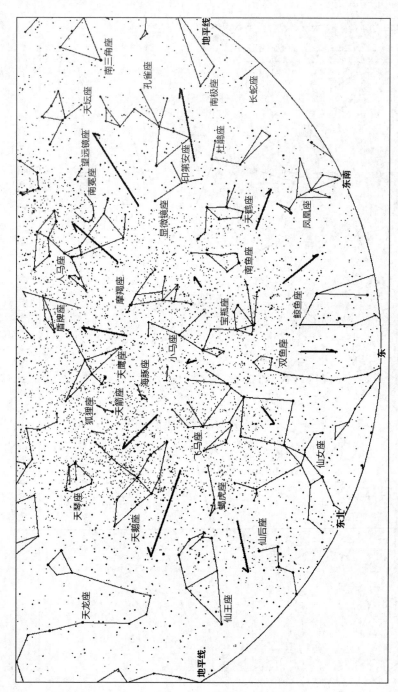

图 3.20 从赤道位置观测宝瓶座 η 流星雨的活动情况、朝东，黎明时分。

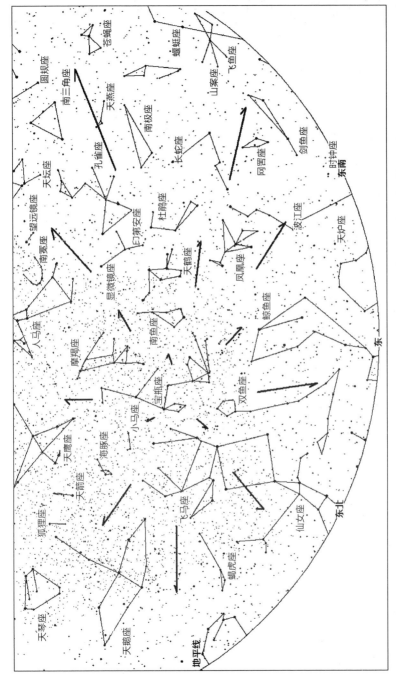

图 3.21 从南半纬 25 度观测宝瓶座 η 流星雨的活动情况，朝东，黎明时分。

3.4 宝瓶座 δ 流星雨（SDA）#5

活动期：07/12—08/19

极大日期：07/27

极大时的辐射体位置：342（22:48）–15

每晚的辐射体漂移：RA +1.0 度，Dec +0.3 度

相对地球的速度：25 英里 / 秒

宝瓶座 η 流星雨于 5 月下旬消失的 45 天之后，宝瓶座 δ 流星雨（或者称为宝瓶座南 δ 流星雨）即将登场。后者是南半球可见的第二大流星雨。它的主要活动日期开始于 7 月 12 日。当辐射体的 ZHR 达到 1 时，辐射体位于摩羯座东部，靠近摩羯座中比较暗的垒壁阵二（摩羯座 ε 星）。辐射体以每天大概 1 度的速度向东移动进入宝瓶座。达到极大时，辐射体位于 342（22:48）–15。这个位置位于宝瓶座南部，刚好在宝瓶座三等星的西边。之后，辐射体会继续穿过宝瓶座，直到 8 月 20 日 ZHR 再次下降到 1 颗（图 3.22）。

世界上大部分地区都可以看到宝瓶座 δ 流星雨，在南半球会更好一些；因为在它的活跃时间段，正好赶上了南半球夜晚比较长的时候，而且在南半球看到的宝瓶座 δ 流星雨的高度也会相对高一些。它的 ZHR 平均值为 20 颗。在南半球以及北纬 15 度到 20 度的区域，观测到的 ZHR 大概在 20—25 颗。如果观测者位于北纬 50 度，那么他们将看到流星雨辐射体在 LST 2200

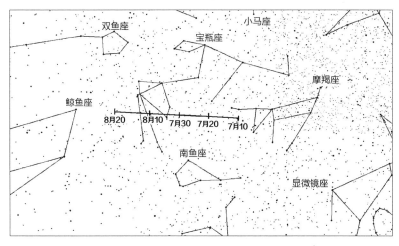

图 3.22　宝瓶座 δ 流星雨辐射体的漂移

升起，接近 LST 0200 时到达最高点，此时它在南部地平线以上
24 度。在这个高度观测者大概能看到 41% 的流星活动。

　　在北纬 25 度观测的话，辐射体将在 LST 2100 升起，大约 5
小时后，当它到达最高点时，辐射体位于南部地平线以上 49 度。
在这个高度上能看到 75% 的宝瓶座 δ 流星雨活动。

　　在赤道附近的话，宝瓶座 δ 流星雨会在 LST 2000 升起。随
后在东南方向的夜空中越升越高。大约 6 小时后到达最高点。此
时辐射体位于南部天空 74 度的位置。在这个位置上，可以看到
96% 的宝瓶座 δ 流星雨活动。

　　最后讨论一下从南纬 25 度看到的情况。流星雨会在 LST
1930 左右升起。辐射体在夜晚的其余部分都可以被看到。当它
位于最高点上时（LST 0200 左右），观测效果最好。此时，辐
射体在北方天空的高度为 81 度。在从赤道向南到南纬 25 度的
过程中，我们发现辐射体已经从南部天空经过天顶，进入了北
边的天空。对于南纬 16 度的人来说，辐射体会直接从他们的

头顶经过。因此，这个纬度也是观看该流星雨的最佳地点，这时可以看到 100% 的流星活动。回到南纬 25 度，这个纬度上看到的流星雨高度是 81 度，此时能看到 99% 的流星雨活动。因此，纬度、高度的改变造成的损失微不足道（表 3.4，图 3.23—图 3.28）。

表 3.4　在不同纬度上看到的宝瓶座 δ 流星雨的辐射体高度

当地标准时间	18	19	20	21	22	23	00	01	02	03	04	05	06
北纬50度	—	—	—	-6	3	10	16	22	24	23	—	—	—
北纬25度	—	—	-12	2	15	26	37	45	49	47	40	33	—
赤道	—	-19	-5	10	25	40	52	65	74	70	59	46	—
南纬25度	—	-8	4	17	31	45	58	70	81	76	64	51	37

图 3.23　从北纬 50 度观测宝瓶座 δ 流星雨的活动情况，朝南，LST 0200。

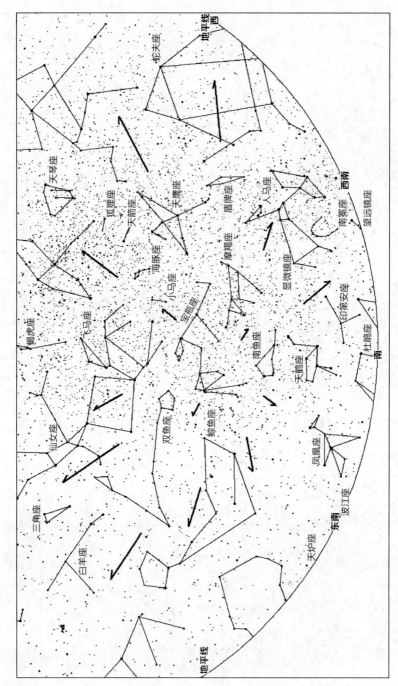

图 3.24 从北纬 25 度观测宝瓶座 δ 流星雨的活动情况。朝南，LST 0200。

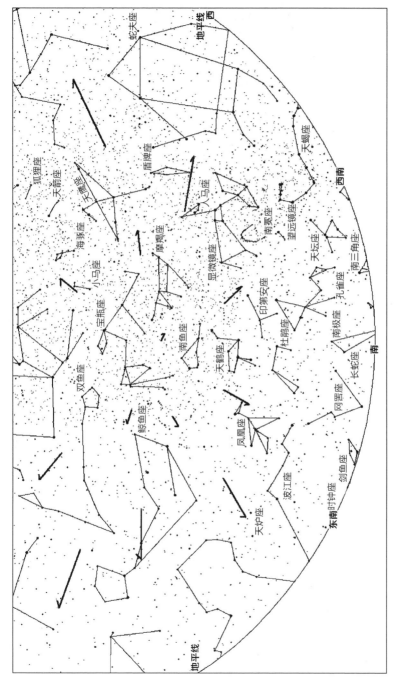

图 3.25　在赤道位置观测宝瓶座 δ 流星雨的活动情况，朝南，LST 0200。

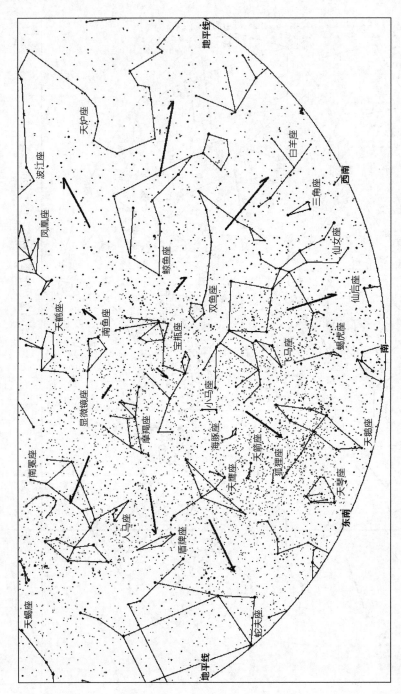

图 3.26 从南纬 25 度观测宝瓶座 δ 流星雨的活动情况，朝南，LST 0200。

图 3.27　一颗明亮的宝瓶座 δ 流星射入天琴座区域。

图 3.28　一颗明亮的宝瓶座 δ 流星在现阶段的北极星勾陈一（小熊座 α 星）附近出现。

3.5 | 英仙座流星雨（PER）#7

活动期：07/17—08/24

极大日期：08/12

极大时的辐射体位置：047（03:08）+58

每晚的辐射体漂移：RA +1.3 度，Dec +0.2 度

相对地球的速度：37 英里/秒

英仙座流星雨是最受欢迎、被观测次数最多的流星雨。受欢迎的主要原因是它在北半球的夏季达到极大，此时的夜间气温舒适温和。另外一个原因是，接近早晨的一段时间，辐射体攀升到北方天空，正好也是观测它的好时段。对于北半球的2/3区域而言，英仙座流星雨的辐射体是绕极的，整夜都位于地平线之上。因此，我们在夜晚的任何时候都能看见它。

不幸的是，大部分想看这个流星雨的人留出来的时间都是在晚上。此时，辐射体还在北方地平线附近，很难被观测到，它的流量只占清晨时分流量的很小一部分。因此，大部分观测者只能看到几颗流星，长长地从北方地平线向上射出。初次观看流星雨的人可能也就满足于此了，但是对那些有观测经验的人来说，这远远不能让他们满足。他们会倾向于准备更多的时间和精力来欣赏这个流星雨。

从来源上说，英仙座流星雨起源于斯威夫特－塔特尔彗星（109 P/Swift-Tuttle）的残留物。这颗彗星需要 130 年才能绕太阳

一圈。它最后一次造访太阳系的时间是 1992 年。在彗星接近近日点的那几年，英仙座流星雨的流量增加了 3—4 倍。在 21 世纪的第一个 10 年中，其流量已经回复到 ZHR 等于 100 颗的正常水平。当地球靠近斯威夫特 - 塔特尔彗星在太阳系内留下的残留物质时，其流量也会增加。预计下一次出现这种流量增加的时候是在 2028 年的 8 月 12 日，接近世界时间（Universal Time）05：31。[①]

如果看得够仔细，观测者将在 7 月中旬的时候第一次看见英仙座流星雨。彼时，辐射体的位置在仙后座的西南方。许多观察者在 7 月下旬面向南方观看宝瓶座 δ 流星雨时，会注意到从左上方飞入他们视野中的英仙座流星雨。从 7 月下旬和 8 月的第一周开始，英仙座流星雨开始变得活跃，每小时的流量可以达到 5 颗。等到了 8 月的第二周，英仙座流星雨的数量会开始显著增加。在 8 月 8 日左右，每小时的数量接近 10 颗。到 10 日时，接近 20 颗。在接下来的 24 小时中，流量还会翻倍。在 11 日上午达到 40 颗。极大通常出现在 12 日上午，如果观测条件好的话，每小时能看到 60 颗，最大的时候平均能达到 100 颗。

不幸的是，地球上的观察者都不能在英仙座流星雨到达天顶时看到它们，因为在辐射体达到这样的高度之前，阳光已经非常强烈了。英仙座流星雨的活动曲线是相当对称的，到达极大后的流量下降过程与到达极大之前流量上升的过程具有高度的一致性。从极大到消失只有两周的时间。因此，英仙座流星雨的最后活跃日期在 8 月 24 日前后。

在漫长的英仙座流星雨的活动期间，辐射体运动的轨迹大概是从仙后座的南边过来，穿过英仙座北部的顶端，然后进入比较

[①] Jennsikens, Peter (2006) *Meteor Showers and Their Parent Comets*. 658, Cambridge, New York.

暗的鹿豹座。在活动最剧烈的时候,辐射体位于049(03:16)+59处,也就是英仙座的北边,鹿豹座边缘。与该位置最接近的恒星是一颗四等星天船一(英仙座 η 星),位于辐射体西南方7度(图3.29)。

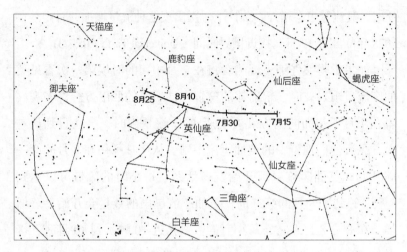

图 3.29　英仙座流星雨辐射体的漂移

　　如前所述,从北半球看英仙座流星雨是最好的。虽然每年这个时候赤道以北的夜晚都比较短,但较高的辐射体高度足以弥补这个不利因素导致的缺陷。从北纬 50 度看,英仙座流星雨的辐射体在 LST 1800 (夏令时 LST 1900) 达到最低点。此时它位于北方地平线以上 18 度。辐射体在余下的时间内爬升到北部天空的最高点。LST 0400 时开始破晓,此时流星雨会爬升到 72 度的高度上,这一高度 95% 的英仙座流星雨都能被看到。所以,这是观测该流星雨的最佳位置!

　　从北纬 25 度看,辐射体的位置在北方地平线之下,直到 LST 2030 后,才逐渐升起。在 2000 到 2100 年这 100 年间,英仙座流星雨的高度适合掠地流星的出现。这是因为在此期间由于地球的自转，流星体正好可以掠过观测者头顶上方的大气层。换句话说，这时大气层厚度是最小的，也就是说空气最为稀薄，这使得英仙座流星雨可以燃烧比较长的时间（数秒钟）。而在其他时间段，由于英仙座流星雨入射大气层的角度比较陡峭，燃烧时间通常都小于一秒钟。在这几秒的时间内，流星雨的移动距离可以达到几十度，并覆盖超过一半的天空。大多数英仙座掠地流星雨都发生在距离观测者很远的地方，因此，观测者基本都是在东部或者西部的天空低处看到它们。如果幸运的话，你也能看到掠地流星径直出现在你的头顶，那将会是你终生难以忘记的美景。不论出现在哪个流星雨中，这类流星大部分都呈现出非常鲜艳的橙色。但这仅适用于那些比较亮的流星。不幸的是，大部分掠地流星雨都很暗淡，它们的颜色最接近于白色。

在北纬 25 度附近，由于夜晚较长，使得英仙座流星雨的辐射体更接近最高点。这是有利于观测的。但不利的是，在这个纬度黎明时分流星雨的最大高度只有 56 度，远远低于在北纬 50 度的高度。在 56 度的高度，观测者可以看到 83% 的流星雨活动。

从赤道上看，英仙座流星雨的活动时间仅限于早晨的几个小时。辐射体在 LST 2330 左右升起。要观看那种掠地的流星的窗口是 LST 2300 到 LST 0000。大概在 LST 0500 前后，黎明会很快到来，此时英仙座流星雨辐射体的高度大概在北方地平线之上31 度。从这个高度位于赤道的观察者大概能看到 52% 的英仙座流星雨活动。

在南纬 25 度就很难看到英仙座流星雨了。因为从这个位置开始，它一直位于北方地平线之下，直到 LST 0300。3 小时后，黎明造成的光污染会严重干扰观测，辐射体仅位于北方地平线 7度以上。这种很低的高度只能让我们看到大概 12% 的流星活动。

到了南纬32度，英仙座流星雨的辐射体就一直位于地平线下方了，几乎不能被看到。在南纬35度或者更南边，就完全不可能看到英仙座流星雨了（表3.5，图3.30—图3.36）。

表 3.5　在不同纬度上看到的英仙座流星雨的辐射体高度

当地标准时间	18	19	20	21	22	23	00	01	02	03	04	05	06
北纬50度	—	—	23	26	31	37	42	50	57	66	72	—	—
北纬25度	—	—	-3	4	9	16	24	31	39	46	52	55	—
赤道	—	-30	-26	-20	-13	-6	3	10	18	23	27	32	—
南纬25度	-56	-54	-49	-41	-34	-26	-19	-11	-6	0	4	7	7

图 3.30　一颗英仙座火流星穿过小熊座的长边。

图 3.31　一颗英仙座火流星出现在仙后座。

图 3.32　两颗同时出现的英仙座流星朝着西边飞去。

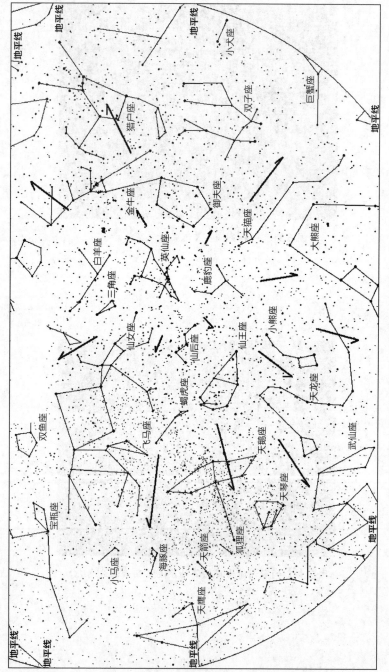

图 3.33 从北纬 50 度观测英仙座流星雨的活动情况，朝北，黎明时分。

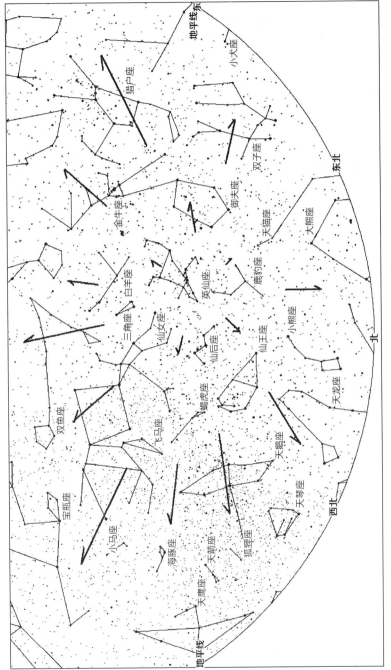

图 3.34 从北纬 25 度观测英仙座流星雨的活动情况，朝北，黎明时分。

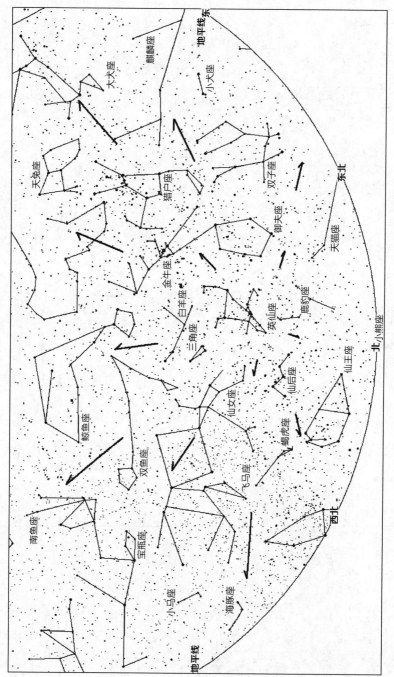

图 3.35 从赤道位置观测英仙座流星雨的活动情况，朝北，黎明时分。

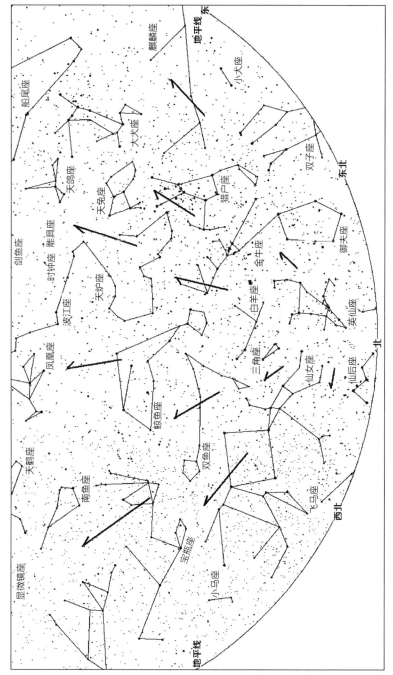

图 3.36 从南纬 25 度观测英仙座流星雨的活动情况，朝北，黎明时分。

3.6 猎户座流星雨（ORI）#8

在 10 月和 11 月初，地球穿过哈雷彗星遗留的陈旧尘埃的外部边缘时，闯入的尘埃粒子与地球碰撞就形成了猎户座流星雨。猎户座流星雨在 10 月 2 日时 ZHR 达到 1 颗，标志着流星雨进入活动期。此时，辐射体位于猎户座北部。在其后的两周内，流星雨的流量一直保持低水平，很少超过每小时 2 颗。接近 10 月 16 日时，流量开始显著增加，到 21 日达到极大。与 5 月份同样由哈雷彗星造成的宝瓶座 η 流星雨一样，猎户座流星雨的极大时间也会保持数个夜晚。到达极大时，其位置在 096（06:24）+16。这个位置实际上位于双子座亮星井宿三(双子座 γ 星)以西几度。10 月 25 日之后，流量又开始下降，在 11 月 7 日回落到每小时 1 颗的临界值（图 3.37）。

猎户座流星雨的平均 ZHR 是 25 颗。波动的范围在 15 到 60 颗之间。21 世纪的头十年的情况比较好，在 2006 年时平均流量曾经达到过 60 颗。在某些特殊的年份，流星平均流量也会有波动。为了解释这个现象，人们已经提出了不少理论，其中大部分

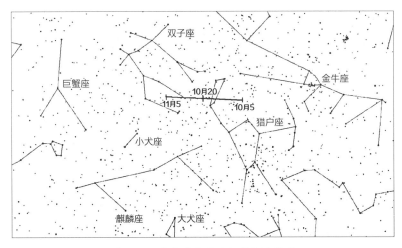

图 3.37　猎户座流星雨辐射体的漂移

涉及与木星的粒子共振。截至我们写书的年份（2008），确切的原因仍未能确定。

　　由于猎户座流星雨的辐射体正好位于天球赤道以北，因此，地球上大部分地区都能看到。最佳的纬度是北纬 16 度。那里的观测者可以看到流星从天顶划过。由于其位置靠近天球赤道，在任何纬度上，猎户座流星雨的辐射体都是在 LST 2100 时分升起。当然，北极是个例外，在那里，辐射体的运动轨迹是围绕着极点做环形运动。与之类似，南极也是个例外，从这儿看辐射体永远都处于地平线上。在晚上 9 时之后的一段时间，最有可能看到那些掠地的流星。在深夜和清晨时分，辐射体会上升到东南方的天空。在北纬 50 度，当辐射体到达在地平线以上的最高点（56 度）时，此时的时间是 LST 0400，辐射体位于最高点上。这也是观看猎户座流星雨的最佳时间，从北纬 50 度看的话，观测者可以看到 83% 的流星雨活动。

　　从北纬 25 度看，猎户座流星雨的辐射体在南方地平线 81 度以上达到最高，在这个纬度上观测者可以看到 99% 的流星雨活动。另外，虽然在这个纬度上 10 月的夜晚比较短，但辐射体仍然能在完全黑暗的环境中到达顶点。大概在黎明到来前两个小时，流星雨活动停止。

如果从赤道上看，猎户座流星雨辐射体是在北方地平线上 74 度达到最高的。这种情况对北方的观测者来说有些奇怪，因为相比于常见的方向，猎户座会被颠倒，流星雨会从星座的下部射出。再往南走，情况还会显得更加奇怪。这是因为猎户座出现的角度会越来越低，而且仍然是倒立着的。观测者从赤道上仍然可以看到 96% 的流星雨活动，和北纬 25 度的情况相差不大。赤道的夜晚比北纬 25 度的更短，但是辐射体仍然能在黎明之前到达顶点。

如果从南纬 25 度看，猎户座流星雨的辐射体在北方地平线上能达到的最大高度为 49 度，此时时间仍然是在 LST 0400 左右。这里的观测者最多可以看到 75% 的流星雨活动。天文曙光[①]也是从 LST 0400 开始出现，所以航海曙光[②]来临前，天空另外又只留给人们 30 分钟的黑暗时间以供观测。再往后，天空变得很亮，就不适合观测了（表 3.6，图 3.38—图 3.44）。

---

① 天文曙暮光（astronomical twilight），指太阳低于地平线 18 度的时刻。如果是即将升起的时刻，就是对应着天文曙光，反之，是天文暮光。——译者注
② 航海曙暮光（nautical twilight），指太阳低于地平线 12 度的时刻。如果是即将升起的时刻，就是对应着航海曙光，反之，是航海暮光。——译者注

表 3.6　在不同纬度上看到的猎户座流星雨的辐射体高度

当地标准时间	18	19	20	21	22	23	00	01	02	03	04	05	06
北纬50度	−19	−14	−8	1	10	19	29	38	47	53	56	54	50
北纬25度	−41	−34	−22	10	3	16	29	42	56	69	81	78	62
赤道	−61	−47	−34	−19	−6	10	24	38	52	64	72	70	—
南纬25度	—	−52	−38	−25	−12	2	14	25	37	43	49	—	—

图 3.38　一颗猎户座火流星向南射出，从天兔座旁经过。

图 3.39　一颗明亮的猎户座流星朝着波江座飞去。

图 3.40　一颗猎户座火流星从长蛇座顶部略过。

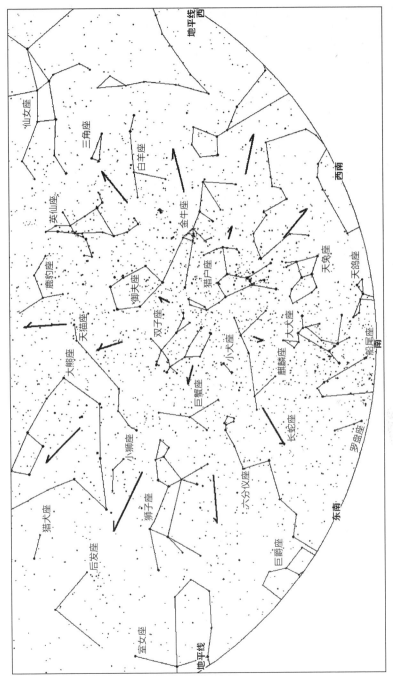

图 3.41 从北纬 50 度观测猎户座流星雨的活动情况，朝南，LST 0400。

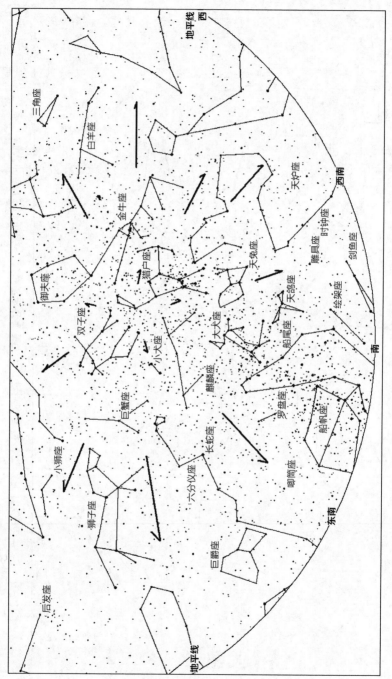

图 3.42 从北纬 25 度观测猎户座流星雨的活动情况，朝南，LST 0400。

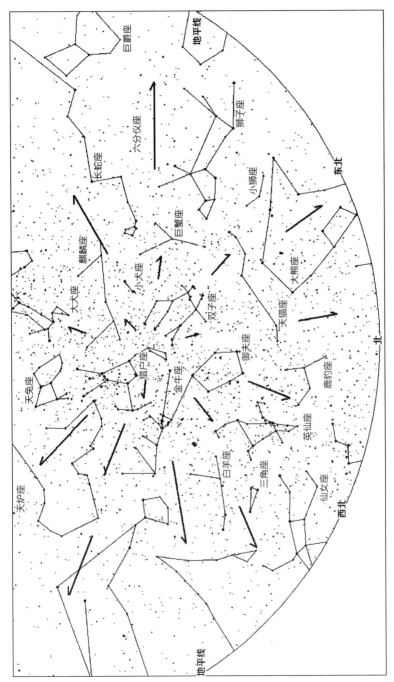

图 3.43 从赤道位置观测猎户座流星雨的活动情况，朝北，LST 0400。

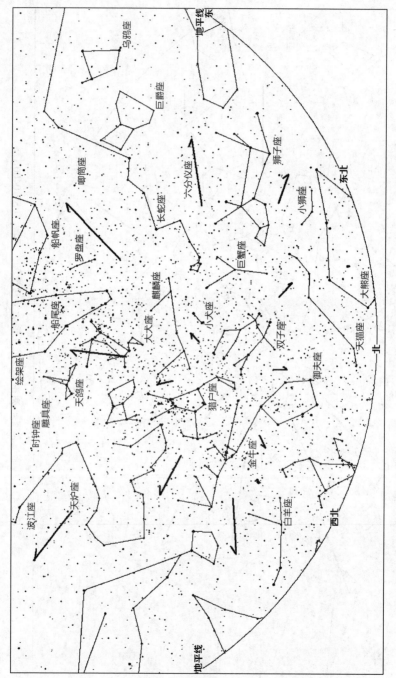

图 3.44 从南纬 25 度观测猎户座流星雨的活动情况，朝北，LST 0400。

3.7 狮子座流星雨（LEO）#13

> 活动期：11/10—11/23
>
> 极大日期：11/19
>
> 极大时的辐射体位置：152（10:08）+21
>
> 每晚的辐射体漂移：RA +0.7 度，Dec –0.4 度
>
> 相对地球的速度：44 英里 / 秒

如果说英仙座流星雨是最受欢迎的流星雨，那么11月的狮子座流星雨则是最著名的。与英仙座流星雨不同，狮子座流星雨几乎可以在整个地球表面为人所看到。这个流星雨产生了一些有记录以来最令人印象深刻的流星暴，最近的一次爆发是在1998年到2002年之间。整个活动期间，辐射体位于"狮子座的镰刀"内。11月10日，该流星雨会达到ZHR等于1颗的临界值。在接下来的一周里，流量都很小，午夜后的每小时只有1到2颗流星能够被看到。根据狮子座流星雨母彗星坦普尔－塔特尔彗星(55P/Tempel-Tuttle)产生的流星物质位置的不同以及年份的不同（如遇到闰年），极大日期会有波动，范围是11月17至19日。从黑黢黢的乡下观测点，可以看到极大时每小时通常有10—15颗流星（图3.45）。

流星不同寻常的情况可能仅限于坦普尔－塔特尔彗星返回太

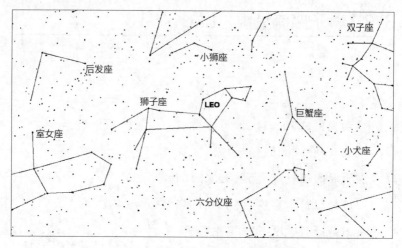

图 3.45　狮子座流星雨辐射体的位置

阳系内部时。这颗彗星下次返航的时间预计在 2031 年。[1]然而不幸的是，天文学家预计届时没有一条尘埃的轨迹会贴近地球。因此，在彗星抵达近日点附近那几年，人们不太可能看到每小时成千上万颗狮子座流星，而大概率只能看到每小时几百颗的流量。到了 2064 年，该母彗星又将重返太阳系，但与 2031 年的情况类似，这次也不会产生非常剧烈的流星暴。直到 2097 年坦普尔 – 塔特尔彗星再次回归时，才会与地球 "亲密接触"。届时，人们将有可能看到史诗级的流星暴。

　　虽然地球上绝大部分区域都能看到狮子座流星雨，但北半球会更好一些，因为在 11 月这里的夜晚要更长一些，并且在晨曦到来之前，辐射体所处位置也会比南半球高一些。如果从北极地区看的话，狮子座流星雨的辐射体最高能在黑夜上升到天顶。如果在南半球，辐射体到达最高点时将会是早晨。从北纬 50 度看

---

①　Kronk, Gary (2007) Cometography, http://cometography.com/pergroup2.html.
Accessed 07 October 07.

的话，辐射体将会在 LST 2200 在东南方向的天空升起，然后在余下的夜晚时间中一直爬升。当黎明开始时，也就是 LST 0600 刚过，辐射体位于南部天空的 62 度处，在这个高度，观测者可以看到狮子座流星雨活动总量的 88%。

从北纬 25 度看，狮子座流星雨的辐射体在后半夜开始上升，差不多夜间 11 点半（LST 2330）时从东北方向地平线升起。从北纬 25 度观测时，该流星雨的辐射体将从更高的纬度升起，并在黎明时分到达天空中更高的位置。黎明大概在 LST 0530 到来，此时，辐射体距离天顶只有 12 度，因此，98% 的狮子座流星雨活动都能被观测到。

当再往南移动时，11 月的夜晚会逐渐变短。从赤道上看，狮子座流星雨的辐射体接近 LST 0030 时升起，到 LST 0500 流星雨都是可见的，此时正值破晓时分，辐射体在东北地平线以上 60 度。在这个高度上，观测者能看到 87% 的流星雨活动。另外，从这个纬度开始，狮子座为人所熟悉的朝向也会发生变化；如果再往南，观测者将看到一个"倒立"的狮子座（相比于在北半球观测者看到的狮子座的形状而言）。

从南纬 25 度看，狮子座流星雨的辐射体会在 LST 0100 升起。LST 0400 后不久，黎明破晓，狮子座流星雨的辐射体仅位于东北地平线以上 33 度。从这个高度可以看到所有狮子座流星雨活动的 54%（表 3.7，图 3.46—图 3.52）。这一点让我回想起了 2001 年，曾有人专程前往澳大利亚观看夜空的狮子座流星暴，他们希望看的是当天的第二场（共有两场）。尽管所有人都看到了非常壮观的场景，但是那些去韩国和日本观看的人所看到的流星雨，几乎是在澳大利亚的人看到的两倍。去韩国和日本观测是有风险的，因为那里的天空更容易有云；因此，虽然在韩国和日本本的纬度上能看到更多的流星雨，但是考虑到云的因素（澳大利亚常常晴空无云），实际上去澳大利亚能看到狮子座流星暴的概率更大。那一次很幸运，韩国和日本的夜空非常晴朗，所以那些去观看的人所承担的风险得到了很好的回报，向敢于冒险的他们致敬！

表 3.7　在不同纬度上看到的狮子座流星雨的辐射体高度

当地标准时间	18	19	20	21	22	23	00	01	02	03	04	05	06
北纬50度	−18	−17	−14	−9	−3	6	14	23	33	42	51	58	63
北纬25度	−42	−42	−37	−29	−19	−7	5	18	31	44	57	71	83
赤道	—	−66	−57	−45	−32	−19	−5	9	22	36	49	60	—
南纬25度	—	−81	−68	−54	−41	−27	−14	−2	10	22	32	—	—

图 3.46　一颗长长的狮子座流星穿过御夫座，进入金牛座。

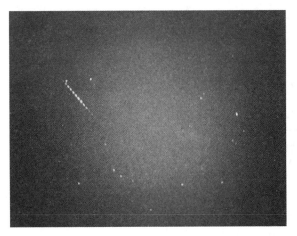

图 3.47　一颗狮子座流星掠过双子座的北河三（双子座 β 星）。

图 3.48　一颗狮子座流星进入御夫座。

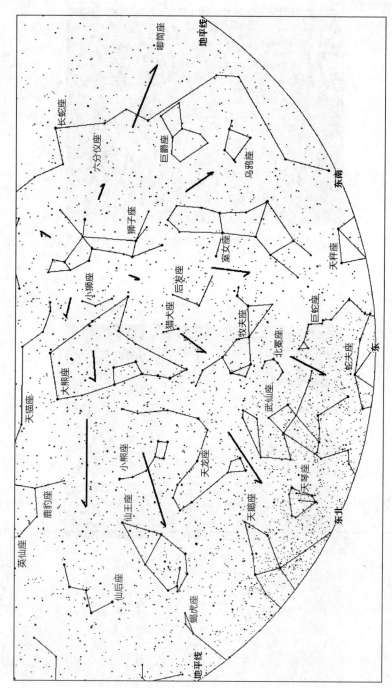

图 3.49 从北纬 50 度观测狮子座流星雨的活动情况，朝东，黎明时分。

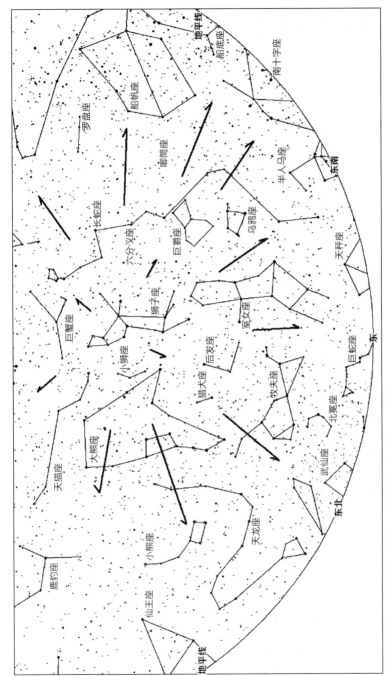

图 3.50 从北纬 25 度观测狮子座流星雨的活动情况，朝东，黎明时分。

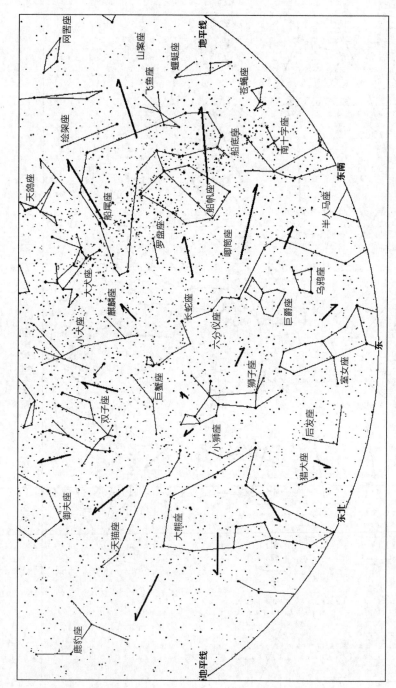

图 3.51 从赤道位置观测狮子座流星雨的活动情况，朝东，黎明时分。

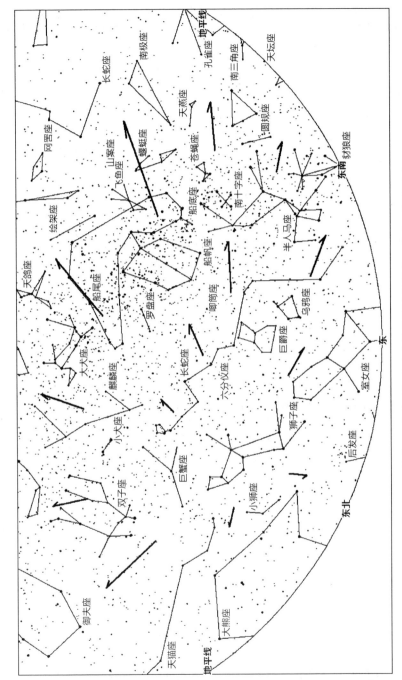

图 3.52 从南纬 25 度观测狮子座流星雨的活动情况，朝东，黎明时分。

3.8 双子座流星雨（GEM）#4

活动期：12/07—12/17

极大日期：12/14

极大时的辐射体位置：112（07:28）+33

每晚的辐射体漂移：RA +1.0 度，Dec −0.1 度

相对地球的速度：22 英里 / 秒

尽管英仙座流星雨是最受欢迎的流星雨，狮子座流星雨是最有名的，但是如果你问一个资深的流星观测者，哪一个流星雨是他们最喜欢的，他们中的大多数都会回答是双子座流星雨。这其中的原因是什么？很简单，一年到头，双子座流星雨是所有的年度流星雨中视觉效果最震撼的，而且在夜晚也能看见它。那么为什么它不如英仙座流星雨受欢迎呢？主要是因为它的观测季节是冬天，在适宜观测的北半球，12 月中旬的夜间气温可能非常低。而且，最适合观看的时间是凌晨 1 到 2 点，除了那些非常热爱流星的人，大部分人可能不会在这个时间冒险去郊外观看。

双子座流星雨与大多数的年度流星雨不同，首先，它是由一颗被称为法厄同（3200 Phaeton）的小行星或不活跃的彗星产生的。其次，如前所述，从北半球看，它在夜晚的时候大量出现。其辐射体在黄昏时分从北方升起，因此，对北半球的人们来说，整个晚上都可以看到该流星雨的活动。

零星的双子座流星在 11 月下旬才首次开始出现，直到 12 月

7 日，其 ZHR 达到 1 颗，因此在这段时间内，其流量几乎可以忽略不计。12 月 7 日之后，双子座流星雨每小时的流量逐渐增加。很快地，大概在 12 月 10 日就达到每小时 10 颗。到 12 月 12 日，可以达到每小时 25 颗，13 日可以达到 40 颗。双子座流星雨的极大出现在 12 月 14 日，平均的 ZHR 为 120 颗，这个数字大概等于 1 月初象限仪座流星雨的水平，是所有主要的年度流星雨中 ZHR 最大的。

与象限仪座流星雨不同，双子座流星雨达到极大时，世界上很多地方都能看到。在整个活动期间，辐射体都位于双子座的边界内。双子座流星雨在 12 月 14 日达到极大时，其辐射体位于明亮的二等星北河二（双子座 α 星）附近，很容易看到它（图 3.53）。

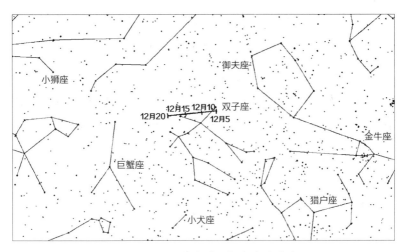

图 3.53　双子座流星雨辐射体的漂移

双子座流星雨最活跃时，是辐射体于 LST 0100 到 LST 0200 之间位于最高点的时候。这时，在天空中的各个方向都可以看到活跃的双子座流星雨。观测者最好的策略是面向天空中最黑暗的方向，这样就有机会看到更暗淡的流星。如果可能的话，观测者应调整视野，同时观测那些位于双子座西部、麒麟座和长蛇座（其流星雨为长蛇座 σ 流星雨）西部等区域的次要辐射体。因为这样最容易区分流星雨是来自哪个星座的。当观测者朝向这个方向时，双子座流星雨的辐射体将接近观测者视野的顶部，并向下射入猎户座、麒麟座、大犬座、小犬座和长蛇座。

双子座流星雨所产生的掠地流星体的数量是最多的，尤其是在黄昏时分（辐射体位于地平线附近）或者夜间（辐射体从地平线上升）。大多数双子座掠地流星出现在北方或南方的天空低处。这些流星很容易被识别，它们都拖着长长的尾巴，持续的时间也很长。偶尔会出现那种在高空中掠过地球大气层的流星体，通常它们会成为"今日最佳"。

许多双子座流星是明亮多彩的，每晚都会出现几颗火流星，这些火流星的视星等①会达到 –5.0 甚至更亮。由于它们撞击大气层的角度较小，双子座流星雨的速度是中等偏慢的。当然，这与它们在天空中出现的位置有关系。这样一来，双子座流星雨既有比较慢的速度，又有比较高的亮度，这简直是拍摄活动的最理想组合。拍摄的最佳时机还是流星体位于天空中最高点的时候，在夜间比较早的时候，那些掠过大气层的掠地流星也是非常诱人的观测目标。但不幸的是，它们大部分都很微弱，而且出现的位置比较低，很难拍摄。

从北纬 50 度看，双子座流星雨的辐射体在 LST 1700 左右升起。这个时间接近航海曙光开始时。天一黑，立刻就可以看到掠过地球的流星体。同所有纬度一样，辐射体在 LST 0200 左右

———
① 视星等，指肉眼所观测到的星星的亮度。若没有明确说明，星等一般指视星等。——译者注

上升到最高点，其高度大概是 73 度，位于天顶以南 17 度，此时可以看到 96% 的双子座流星雨活动。黎明时分，辐射体仍然位于西部地平线以上 43 度，所以在日出之前，都可以看到流星雨活动。

观测双子座流星雨的最佳纬度是北纬 33 度，在那里，辐射体在 LST 0200 上升到天顶。再往南的话，到北纬 25 度附近，辐射体也能升到很高的高度，大概偏离天顶只有 8 度，此时，仍然有 99% 的流星雨活动可被看到。在这个纬度上，辐射体在 LST 1900 附近升起，此时天空是完全黑暗的。因此，与更北方的观测者相比较而言，这里的观测者叮以更好地看到那些掠地流星。

从赤道上看，观测条件就变得不太好了。辐射体升起的时间是 LST 2000 左右，仍是在 2 点左右到达最高点，此时位于北方天空的 57 度处。在这个高度上我们仍然可以看到 84% 的双子座流星雨活动。黎明时分，辐射体仍然位于西边天空 35 度的高度。

从南纬 25 度看，双子座流星雨的辐射体直到 LST 2100 左右才开始升起，大约 5 小时后到达最高点，此时的高度是北方地平线以上 32 度。在这个高度，人们只能看到 53% 的流星雨活动了。黎明将在 2 小时后到达，那时，辐射体仍位于西北地平线以上 25 度。

双子座流星雨的辐射体在南纬 57 度时会降低到地平线之下。但是从南纬 50 度之后，辐射体升起之时，暮光已开始干扰观测。因此，南纬 50 度是南半球能观测到该流星雨的最高纬度（表 3.8，图 3.54—图 3.59）。

表 3.8　在不同纬度上看到的双子座流星雨的辐射体高度

当地标准时间	18	19	20	21	22	23	00	01	02	03	04	05	06
北纬50度	8	17	26	35	44	54	63	71	73	69	62	52	43
北纬25度	-7	3	14	26	38	51	63	75	82	73	62	48	37
赤道	—	-12	0	13	25	36	46	54	57	53	45	35	—
南纬25度	—	—	-13	-2	8	18	25	29	32	29	25	—	—

图 3.54　一颗双子座流星与猎户座"战士的剑"相撞。

图 3.55　一颗明亮的双子座流星经过天狼星。

图 3.56 从北纬 50 度观测双子座流星雨的活动情况，朝南，接近 LST 0200。

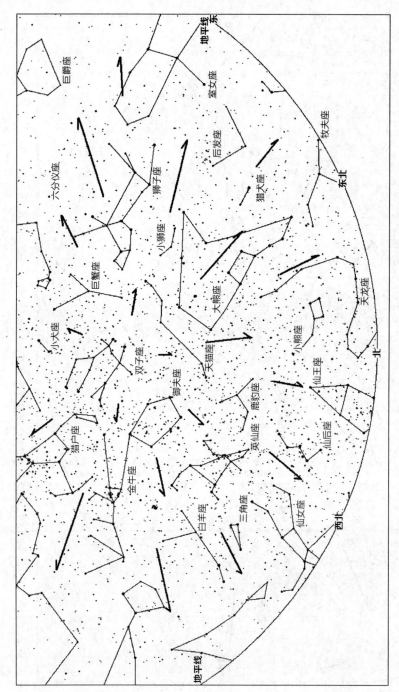

图 3.57 从北纬 25 度观测双子座流星雨的活动情况，朝北，接近 LST 0200。

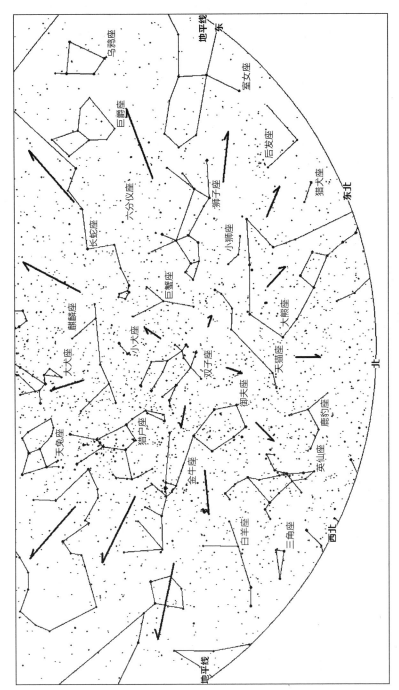

图 3.58　从赤道位置观测双子座流星雨的活动情况，朝北，接近 LST 0200。

图 3.59 从南纬 25 度观测双子座流星雨的活动情况，朝北，接近 LST 0200。

3.9 小熊座流星雨（URS）#15

活动期：12/17—12/26

极大日期：12/22

极大时的辐射体位置：275（18:20）+75

每晚的辐射体漂移：RA +0.0 度，Dec +0.4 度

相对地球的速度：21 英里 / 秒

小熊座流星雨相对来说比较难观测，因为它的高峰活动时间很短暂；而且，在南半球几乎看不到。此外，由于它到达极大的时间是圣诞节前，这个时间北半球大部分地区都是多云的天气，也阻碍了对这种活动的观测。还有一个原因也不可忽视，就是每年这个时候都很冷，特别是北半球的高纬度地区（北纬 30 度到北纬 90 度）。在这么不利的条件下，我们居然还有这个流星雨的观测记录，多少有点令人惊叹！

小熊座流星雨在 12 月 17 到 26 日之间最为活跃，极大出现在 12 月 22 日。在其他时候，活动流量都很低。尽管这个流星雨平均的 ZHR 为 10 颗，但在活动最频繁的那晚，流量有时会低得可怕。在没有月光干扰的情况下，极大时的流量每小时从 0 到 26 颗流星不等。这是一个相当宽泛的范围，所以人们很难预计自己将会看到多少流星。

小熊座流星雨的辐射体位于小熊座南部，靠近"小北斗"（Little Dipper）的底部。12 月 22 日时，它位于 275（18:20）+75

处。这个位置靠近小熊座 β 星，即北极二，一颗橘色的二等星（图 3.60）。

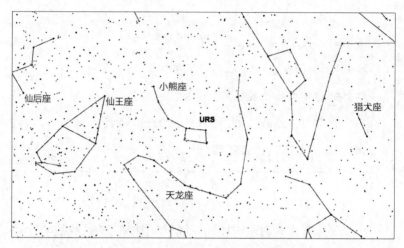

图 3.60　小熊座流星雨辐射体的位置

对于北纬 13 度以北的所有观测者而言，这个辐射体是绕极的。在 LST 2000 到 LST 2100 时，辐射体在天空中的位置是最低的，而在 LST 0800 到 LST 0900 之间达到最高。很不幸，对大部分观测者而言，这个时间都已经是大白天了，无法看到辐射体。从北半球的高纬度地区来看，可以在夜间的任何时候看到流星雨活动。理论上说，对北纬 13 度以北的所有观测者来说，整个夜晚都能看到流星活动，但实际上，由于绝大多数辐射体的高度不够，所以观测者很难看到。直到接近早晨的时间，观测者才比较有可能看到辐射体。

偶尔，当地球穿过塔特尔彗星（8 P/Tuttle）产生的尘埃时，天空可能会突然出现剧烈的流星雨活动。表 3.9 中列出了未来可能出现这个现象的年份，都在所列年份的 12 月 22 日。[①]

表 3.9 在可能出现小熊座流星暴的时间（年份和世界时）下对应的月相

年份	世界时间	月相（%）
2016	12:40	−36
2017	17:17	+17
2018	19:29	100
2030	21:11	−05
2034	14:15	+88

从北纬 50 度来看，黄昏时，小熊座流星雨的辐射体位于北方天空 40 度处。在这个高度上，人们可以看到 64% 的流星雨活动。辐射体在 LST 2000 到 LST 2100 间到达活动最低点，此时其高度为 36 度。辐射体在夜间的剩余时间中往北极星勾陈一右边（或东边）上升。在黎明（LST 0700）时达到 63 度的高度。在这个高度上，人们可以看到 89% 的流星雨活动。

在更南的纬度，小熊座流星雨的观测条件更糟糕。从北纬 25 度看，黄昏时分，小熊座流星雨的辐射体位于北方地平线以上 13 度，2 小时后，辐射体达到 11 度的最低高度。在黎明时分，辐射体将会上升到 37 度，此时有 60% 的活动能被观测到。在小熊座流星雨峰值 ZHR 为 10 颗的大部分年份里，观测者每小时最多只能看到 6 颗流星体，即使天空非常黑暗且极限星等为 6.5。

处于赤道的观测者的观测条件就更差了。在黄昏时分（LST 1900），小熊座流星雨的辐射体实际上位于北方地平线以下 13 度，直到 LST 0200 时才上升，并且仅在黎明时分（LST 0500）

[①] Jennsikens, Peter (2006) *Meteor Showers and Their Parent Comets.* 646 – 647, Cambridge, New York.

达到 9 度的最高位置。此时人们只能看到 16% 的流星雨活动。

在南纬 14 度，小熊座流星雨几乎无法冲破地平线，再往南几度能稍微看到一些，但是由于流量非常低，因此在实际观测中几乎不可能看到掠地流星（表 3.10，图 3.61—图 3.66）。

表 3.10　在不同纬度上看到的小熊座流星雨的辐射体高度

当地标准时间	18	19	20	21	22	23	00	01	02	03	04	05	06
北纬50度	38	36	36	36	37	38	40	43	47	50	54	58	61
北纬25度	13	12	11	11	12	13	16	19	23	27	30	33	37
赤道	—	−13	−14	−14	−13	−11	−8	−5	−2	2	6	9	—
南纬25度	—	—	−39	−39	−38	−36	−33	−29	−26	−22	−18	—	—

图 3.61　一颗明亮的小熊座流星出现在室女座内距离辐射体很远的地方。

图 3.62 一颗明亮的小熊座流星出现在狮子座中。

图 3.63 夜晚，一颗小熊座流星以很快的速度经过白羊座。

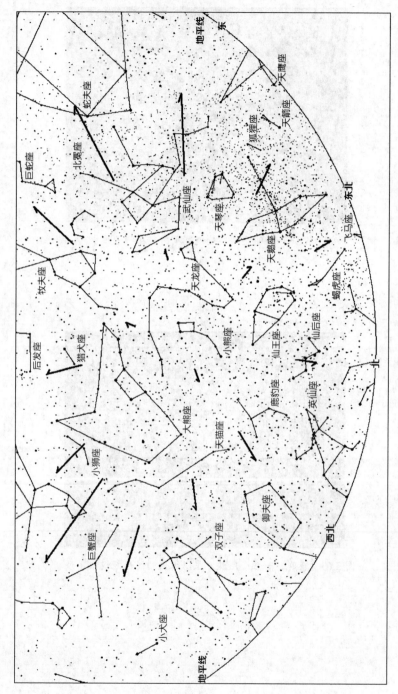

图 3.64 从北纬 50 度观测小熊座流星雨的活动情况，朝北，黎明时分。

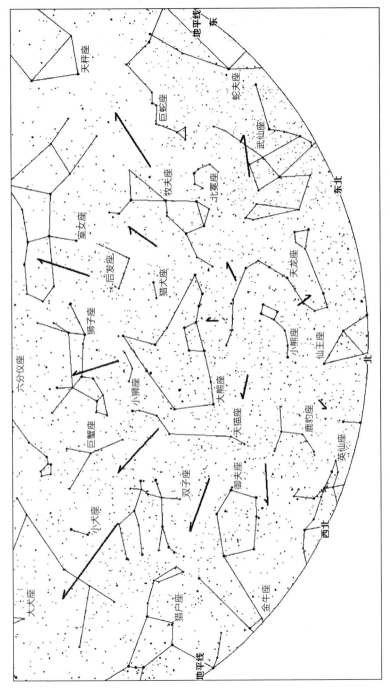

图 3.65 从北纬 25 度观测小熊座流星雨的活动情况，朝北，黎明时分。

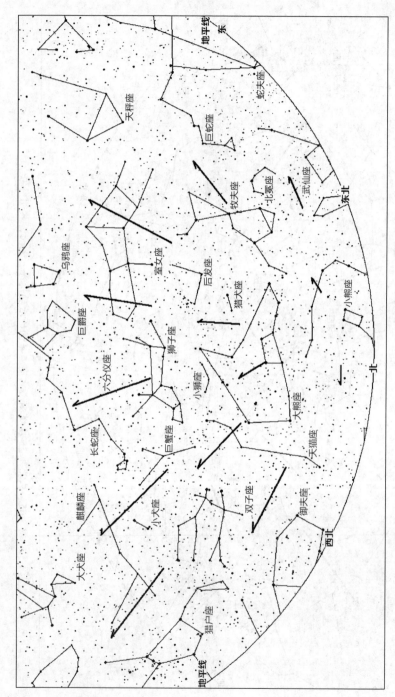

图 3.66 从赤道位置观测小熊座流星雨的活动情况，朝北，黎明时分。

第四章

每年的小型流星雨

本章将会讨论全年比较活跃的 17 个小型流星雨。这些流星雨在极大时每小时产生的流星数量在 1 到 10 颗之间。本章将会介绍整个流星雨活动期间辐射体的位置以及它们的漂移方向和每个流星雨的参数，如辐射体在天空中的位置、每天的漂移以及相对于地球的速度等。我们将会告诉观测者，如何才能观测到这些较弱的流星雨，并增加观测成功的机会。我们还提供了这些流星雨的实拍照片（如果有的话）。

　　小型流星雨指的是每年都会出现的、峰值 ZHR 处于 1 到 10 颗之间的流星雨。目前，至少有 17 个这样的流星雨有资格入选这一名单。但是这个名单并不像上一章介绍的大型流星雨那么稳定。这是由于时不时会有一些不够资格的流星雨会被踢出名单，同时也有新满足要求的流星雨被加入进来。这些流星雨很少为公众所知，部分原因就是它们的流量不稳定，不像英仙座流星雨和狮子座流星雨那样一直保持着比较高的流量。然而，这些小型流星雨同样有独特的研究价值，和那些大型流星雨一样都很重要。

　　这些流星雨大部分是由未知天体产生的，这些天体能持续产生流星雨的时间长短不一。由于太阳系一直在演化，因此，这些流星雨的参数随着时间也会有不小的波动。比如，由于木星的影响，一场小型流星雨也可能变成像双子座流星雨那样非常活跃的流星雨。另一方面，这些流星雨也可能突然就完全消失掉。业余爱好者年复一年的观测有助于科学家深入了解这些难以捉摸的流星雨，尽管看到它们的可能性不大，但是我们仍然鼓励爱好者对它们进行观测。

这些小型流星雨在一年中的分布还是比较均匀的，而且经常与其他流星雨或那些年度大型流星雨一同出现。观测者可以通过绘制这些流星雨的活动图来训练自己的观测技能，尤其是在没有大型流星雨发生的时候。观测这些流星雨，未知的流星物质有时会给观测者带来惊喜，它们会引发意料之外的短暂的高峰。由于缺少对这类流星雨的监测，也许有一半以上都会被人们错过。以下我们针对每一个流星雨（按照时间顺序排列），给出了如何最好地观测它们可能的活动的建议。

4.1 半人马座 α 流星雨（ACE）#102

活动期：01/28—02/21

极大日期：02/08

极大时的辐射体位置：211（14:04）–59

每晚的辐射体漂移：RA +1.1 度，Dec –0.3 度

相对地球的速度：35 英里 / 秒

半人马座 α 流星雨是一年中第一个小型流星雨，同时也是流量最大的一个，尤其是从比较靠南的纬度观测的时候。半人马座 α 流星雨的平均 ZHR 为 5 颗，它从 1 月 28 日到 2 月 21 日都很活跃，极大出现在 2 月 8 日，此时辐射体位于半人马座的东南部，其位置是 211（14:04）–59，非常接近于明亮的蓝白色恒星

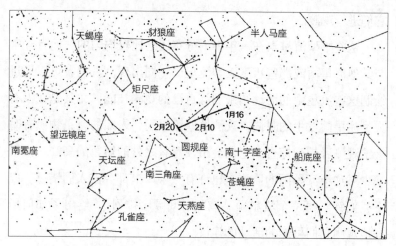

图 4.1　半人马座 α 流星雨辐射体的漂移

马腹一（半马人座 β 星）。其辐射体的移动见图 4.1。

　　半人马座 α 流星雨在南纬 45 度时的观测效果最佳，在那里，辐射体能升到的高度比较高，而且升到最高时太阳光也不是很强烈。在每年的这个季节，该纬度的天空直到 LST 2100 才变黑。辐射体位于东南方的低空，经过这短暂的夜，半人马座 α 流星雨升高至南边的夜空中。曙光会在辐射体到达顶点之前干扰观测，极大到来大概是黎明前的最后一小时，此时的天空仍然完全黑暗。该流星雨在北纬 31 度以内都是可见的。如果再更北几度的话，还有机会看到罕见的掠地流星。这种流星雨能产生罕见而剧烈的活动，正如 1980 年从澳大利亚观测到的那样。很有可能还有大量这样的流星体被错过了，因为我们向来缺乏来自南半球的观测者，这无疑阻碍了我们对这个流星雨的了解。半人马座 α 流星雨的入射速度为 35 英里 / 秒，大部分流星体的速度都比较快。

4.2 狮子座 δ 流星雨（DLE）#29

活动期：02/15—03/10

极大日期：02/25

极大时的辐射体位置：168（11:12）+16

每晚的辐射体漂移：RA +0.8 度，Dec −0.3 度

相对地球的速度：14 英里 / 秒

　　在太阳系的形成过程中，黄道面上的大部分小天体都被集中到反日点附近，但狮子座 δ 流星雨是一个例外。之所以如此，是因为它与反日点辐射中心有一定的距离：相较于反日点，它足足往北偏了 13 度。不少人坚持认为，这个非常微弱的流星雨实际上是 2 月份反日点流星的一部分。希尔科·莫劳通过对视频数据的分析，并没有发现狮子座 δ 流星雨的辐射体处有明显的活动。[1]有了这样的证据，下次国际流星组织更新小型流星雨列表时，这个流星雨可能就会被剔除出去。

　　狮子座 δ 流星雨大概在 2 月中旬开始活跃，在 2 月 25 日左右达到极大，此时的 ZHR 为 2 颗。在活动最剧烈的那个夜晚，辐射体位于 168（11:12）+16，非常接近西次相（狮子座 θ 星）——一颗视星等为 3.0 的恒星。从北纬 25 度看，辐射体在 LST 1800

---

[1]　Molau, Sirko (2006) How good is the IMO Working List of Meteor Showers? A Complete Analysis of the IMO Video Meteor Database. http://www.imonet.org/imc06/imc06ppt. pdf. Accessed 07 October 14.

到 LST 1900 之间升起，大概在 LST 0100 达到最高点。此时是观看流星雨的最佳时机。狮子座 δ 流星雨的入射速度为 14 英里/秒，大部分流星体的速度都比较缓慢（图 4.2—图 4.3）。

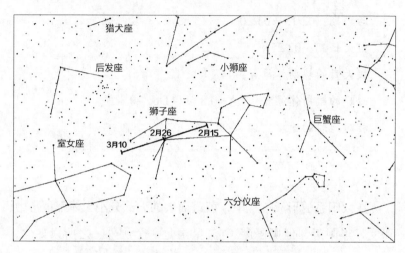

图 4.2　狮子座 δ 流星雨辐射体的漂移

图 4.3　一颗狮子座 δ 流星冲入双子座之内。

4.3 | 矩尺座 γ 流星雨（GNO）#118

活动期：02/25—03/22

极大日期：03/13

极大时的辐射体位置：239（15:56）–50

每晚的辐射体漂移：RA +1.2 度，Dec +0.2 度

相对地球的速度：35 英里 / 秒

矩尺座 γ 流星雨是一个并不起眼的流星雨，可用的数据非常少。辐射体的确切位置和活动的精确时间也不清楚。一般认为，它在 2 月 25 日到 3 月 22 日之间都很活跃，在 3 月 13 日左右活动达到极大。到达极大时的位置大概是在 239（15:56）–50 附近。这个位置位于矩尺座中部，靠近矩尺座 η 星，这是一颗比较暗的恒星。矩尺座 γ 流星雨到达极大时，平均的 ZHR 为 4 颗。来自南半球的报告表明，这个流星雨要么看不到，要么 ZHR 在 10 颗以内。

与 12 月的小熊座流星雨一样，在观测这个流星雨之前，观测者其实不太确定能看到什么。由于该流星雨出现的纬度非常靠近南边，因此，观测者最好是从南半球观测。从南纬 25 度看，辐射体在 LST 2000 左右升起，位于东南方向的天空。在接近早晨时，到达南部地平线以上的最大高度。在北纬 40 度以上，辐射体在地平线处，人们将无法观测到这个流星雨的任何活动。需要再往南走 10 度，观测者每晚才有可能看到超过 1 颗的流星。

矩尺座 γ 流星雨的入射速度为 35 英里 / 秒，大多数流星体会以
较快的速度在天空中移动（图 4.4—图 4.6）。

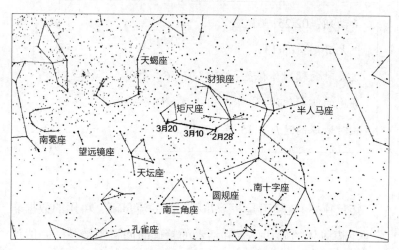

图 4.4　矩尺座 γ 流星雨辐射体的漂移

图 4.5　一颗矩尺座 γ 流星经过乌鸦座。

图 4.6　一颗明亮的矩尺座 γ 流星消失在南牧夫座的大角星旁。

4.4 ┃天琴座 η 流星雨（ELY）#145

活动期：05/03—05/12

极大日期：05/08

极大时的辐射体位置：287（19:08）+44

每晚的辐射体漂移：RA +1.0 度，Dec +0.0 度

相对地球的速度：27 英里/秒

天琴座 η 流星雨是一个相对较新的流星雨，在 1983 年 IRAS– 荒木– 阿尔科克彗星（IRAS-Araki-Alcock，旧称 C1983H₁）通过地球附近后首次被发现。最近，它刚刚被列入小型流星雨的年度观测名单中。它的活动期只有 10 天，从 5 月 3 日到 12 日。极大出现在 5 月 8 日，此时 ZHR 达到 3 颗。辐射体最初的位置是在天琴座北部，位于 287（19:08）+44 处，位于明亮的织女星（天琴座 α 星）东北 6 度。在活动期间，辐射体会向东漂移，在天鹅座的西北部结束活动。靠近三等星天津二（天鹅座 δ 星）。该流星雨的入射速度为 27 英里/秒，大多数流星雨成员在天空中出现时都是中等速度。许多观测者在观测宝瓶座 η 流星雨时会注意到这些流星。

尽管 5 月份北半球的夜晚很短，但北纬 40 到 50 度之间的地区仍然可以算是最佳观测区域。辐射体在日出前一小时达到最大高度，由于位于天顶附近，这时观测者可以很好地看到该流星雨的全部活动（图 4.7）。

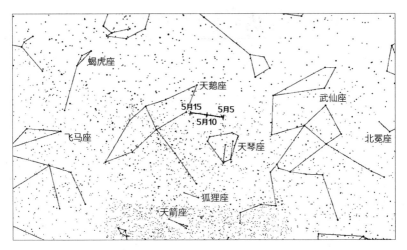

图 4.7　天琴座 η 流星雨辐射体的漂移

4.5 摩羯座 α 流星雨（CAP）#1

活动期：07/03—08/15

极大日期：07/29

极大时的辐射体位置：307（20:28）–10

每晚的辐射体漂移：RA +1.0 度，Dec +0.3 度

相对地球的速度：14 英里 / 秒

在天琴座 η 流星雨出现大概两个月之后，7 月份，摩羯座 α 流星雨登场。它的辐射面比较大，位于人马座东北部。随着夜晚一夜夜过去，这个辐射体慢慢地向东北方向移动。在达到极大时（7 月 29 日），辐射体位于肉眼可辨的宽距双星摩羯座 α 星的东北方。在极大后不久，辐射体将进入宝瓶座的范围，并保持在这儿直到活动结束。这个流星雨的最大 ZHR 平均为 4 颗。在辐射体活动的大部分时间里，流量都基本能保持在 1 颗以上。

摩羯座 α 流星雨的流星物质从侧面与地球相遇。因此，它们看上去是缓慢的，入射速度为 14 英里 / 秒，与英仙座流星雨相比更为明显。与稍快的宝瓶座 δ 流星雨相比显得很慢，这使得它们更容易被识别。持续时间通常是 1 秒及以上。摩羯座 α 流星雨是相当明亮的，缓慢而明亮的流星很壮观。摩羯座 α 流星经常会碎裂，分离后的碎片又会形成更小的流星。

在地球的大部分区域都能轻松地观测到这个流星雨。从南纬 10 度看，辐射体会直接掠过头顶，在当地标准时间的午夜时分

达到最佳观测位置，在这个时间点附近观看的效果最佳。在 7 月夜空的四组流星雨中，摩羯座 α 流星雨是第三组出现的。7 月份前两组在同一天空区域活跃的分别是反日点流星和宝瓶座 δ 流星雨。在确定这几个不同流星雨辐射体之间的关联[①]时，一定要慎重。摩羯座 α 流星雨相对而言是比较好识别的，因为流星体的速度很慢。但是，也不能说速度慢的都是摩羯座 α 流星雨，因为其他 3 个流星雨在某些情况下也能产生慢速流星。比如，在靠近地平线的地方或者靠近辐射体中心的时候。在这种情况下，需要通过流星体出现的天空区域来判断它们属于哪个流星雨（图 4.8 和图 4.9）。

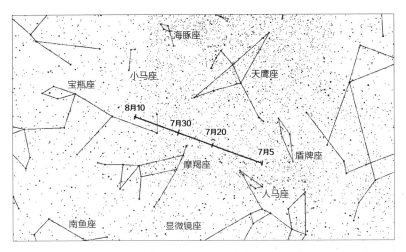

图 4.8　摩羯座 α 流星雨辐射体的漂移

---

① 流星关联（shower association），指的是把单个流星与特定流星关联起来。——译者注

图 4.9 一颗明亮的摩羯座 α 火流星划过天鹅座。

4.6 南鱼座流星雨（PAU）#183

活动期：07/15—08/10

极大日期：07/27

极大时的辐射体位置：341（22:44）−30

每晚的辐射体漂移：RA +0.9 度，Dec +0.4 度

相对地球的速度：22 英里／秒

南鱼座流星雨是 7 月份第四组，也是最后一组登场的流星雨。它在 7 月 15 日达到 ZHR 等于 1 颗的临界值；随后流量逐渐加大，直到 7 月 27 日达到极大，此时的 ZHR 为 5 颗；之后流量逐渐下降。直到 8 月 10 日下降至 ZHR 等于 1 颗以下。辐射体开始时位于南鱼座的西南部，在 7 月 27 日到达亮星北落师门（南鱼座 α 星）西边的几度。在活动结束前，辐射体会继续向东，并进入玉夫座。

该流星雨的最佳观测位置是南纬 30 度，它在 LST 0200 左右从头顶掠过。从南纬 30 度到南纬 60 度，观测者都可以看见这个流星雨。但在北纬 30 度到 60 度之间，观测者则很难看见。值得注意的是，这个流星雨在同一天晚上与流量大得多的宝瓶座 δ 流星雨同时达到极大。因此，南鱼座流星雨往往被湮没在宝瓶座 δ 流星雨之中。所以在观测过程中，必须要注意分辨这两种流星雨，正确地关联流星和辐射体。如果不修正这种效应，记录到的数据将会低估宝瓶座 δ 流星雨的流量，而高估南鱼座流星雨

的流量。为此，观测者可以把观测的大方向大致调整为这两个流星雨辐射体出现的区域。这样就可以很容易地记录到流星体出现的地方，从而把两个星座的流星雨区别开来。南鱼座流星雨的入射速度为 22 英里 / 秒，大多数成员为中等速度（图 4.10）。

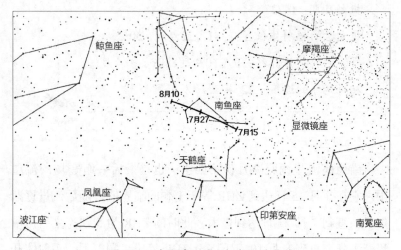

图 4.10 南鱼座流星雨辐射体的漂移

4.7 天鹅座 κ 流星雨（KCG）#12

活动期：08/03—08/25

极大日期：08/18

极大时的辐射体位置：286（19:04）+59

每晚的辐射体漂移：RA +0.3 度，Dec +0.1 度

相对地球的速度：16 英里 / 秒

　　天鹅座 κ 流星雨是北半球版本的摩羯座 α 流星雨，这是由于两者的观测特征比较相似，都会产生缓慢的，通常是明亮的、碎裂的流星雨。天鹅座 κ 流星雨也因此为北方的夏季天空增光添彩。该流星雨在 8 月份的大部分时间都很活跃，在 8 月 18 日达到极大，平均 ZHR 为 3 颗。另外，由于它的最佳观测时间是天刚黑的时候，因此不太好观测。而且，因为在同一个时间段内英仙座流星雨也处于活跃期，所以很多不太资深的观测者会误以为他们看到的是英仙座流星雨。

　　这个流星雨在北半球高纬度地区最容易看到，那里的辐射体在黄昏时分位于天顶附近。从北纬 30 度以北的地区看来，该辐射体是绕极的。在南半球的低纬度地区，想要看到这个流星雨就很困难了，在南纬 30 度以南则完全看不到。8 月 18 日，辐射体位于 286（19:04）+59，这个位置在暗星奚仲一（天鹅座 κ 星）以北 5 度处。有趣的是，在整个流星雨活动期间，辐射体其实从未进入过天鹅座的边界，事实上，它正好位于天龙座的南部边界

上方。由于它在天空中的位置很高，因此与那些位于天球赤道附近的辐射体相比，辐射体的漂移距离很短（图 4.11—图 4.13）。

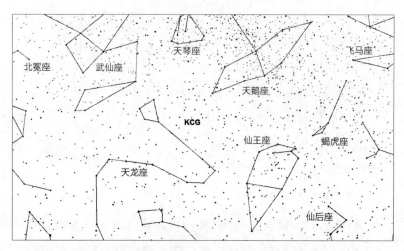

图 4.11　天鹅座 κ 流星雨辐射体的位置

图 4.12　一颗天鹅座 κ 流星经过北极星。

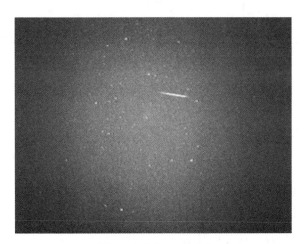

图 4.13　一颗明亮的天鹅座 κ 流星出现在仙王座。

4.8 御夫座流星雨（AUR）#206

活动期：08/25—09/08

极大日期：09/01

极大时的辐射体位置：084（05:36）+42

每晚的辐射体漂移：RA +1.1 度，Dec 0.0 度

相对地球的速度：41 英里 / 秒

在 8 月底和 9 月初移动速度极快的流星雨出现在御夫座，这些流星被称为御夫座流星或者御夫座 α 流星。在大部分年份，该流星雨的极大出现在 9 月 1 日，此时的 ZHR 接近 7 颗。该流星雨偶尔会产生短暂的、明亮的流星爆发，那时的 ZHR 大概会接近 100 颗。最近一次这样的现象出现在 2007 年，遗憾的是，在 21 世纪上半叶预计不会再有这样的情况了。[①]

下面的图片列出了在 9 月 1 日这天能看到的这个流星雨三种不同的辐射体。在大部分的年份，流星雨活动都发生在国际流星组织给出的辐射区域内。2007 年的流星雨活动的位置与彼得·杰尼斯肯斯给出的位置相吻合。希尔科·莫劳提供的视频数据中，展示了出现在御夫座和英仙座边界的辐射体。[②]根据我的

[①] Jenniskens, Peter (2006) *Meteor Showers and their Parent Comets*. 723, Cambridge, New York..

[②] Molau, Sirko (2006) How Good is the IMO Working List of Meteor Showers? A Complete Analysis of the IMO Video Meteor Database. http://www.imonet.org/imc06/imc06ppt. pdf. Accessed 07 August 31.

绘图，1994 年的御夫座流星雨爆发与莫劳给出的位置相吻合。不管是从哪个位置辐射出的流星，虽然看上去与英仙座流星雨比较相似，但这些流星都可以追溯到御夫座，因此比较容易识别（图4.14—图 4.17）。

　　该流星雨最早出现在 8 月 25 日左右，在 9 月 8 日左右结束。在离极大比较远的日子，流星雨的流量都比较小。该流星雨最适合从北方高纬度地区观测。从这些纬度上看，它是绕极的。最佳观测位置出现在黎明到来之前的最后一小时。从赤道到南纬 50度的区域也能看到这个流星雨，但是辐射体直到午夜以后才会升起，并在北方的天空中到达最高点。在南纬 50 度再往南，就无法观测到这个流星雨了。

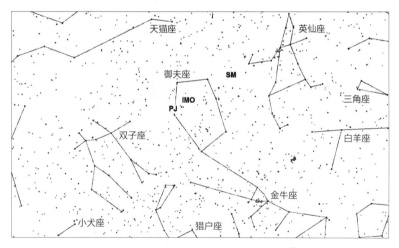

图 4.14　御夫座流星雨辐射体的位置[①]

---

① 　图中 SM 指希尔科·莫劳，IMO 指国际流星组织，PJ 为彼得·杰尼斯肯斯，字母所在位置代表三者给出的辐射体位置。——译者注

图 4.15　一颗御夫座流星进入猎户座。

图 4.16　一颗御夫座流星向北射出。

图 4.17　一颗明亮的御夫座流星出现在天猫座。

4.9 九月英仙座流星雨（SPE）#208

活动期：09/05—09/17

极大日期：09/09

极大时的辐射体位置：060（04:00）+47

每晚的辐射体漂移：RA +1.1 度，Dec +0.1 度

相对地球的速度：40 英里／秒

这个流星雨曾被认为是御夫座 δ 流星雨的一部分。当数据显示有两个独立的极大值时，人们就把这两个流星雨分为了两部分，其中一部分就是九月英仙座流星雨。

读者不要把这个流星雨与 8 月的那个更强的英仙座流星雨相混淆。虽然与 8 月的英仙座流星雨一样，九月英仙座流星雨的移动速度也很快，但是这些流星雨的流量很小，ZHR 通常只有 5 颗。9 月 5 日左右，该流星雨开始活跃，极大出现在 4 个晚上之后，即 9 月 9 日。之后，随着时间的推移，流量又逐渐变小。刚进入活动期时，辐射体位于英仙座中部偏东一点的位置。靠近天船五（英仙座 δ 星，其视星等为 3.0）附近。9 月 9 日时，它的位置是 060（04:00）+47。这个位置位于天船五的东南方 3 度。在其活动结束时，辐射体已经移动到了御夫座的边界。

该流星雨从北纬 50 度附近观看效果最佳，在 LST 0200 左右，辐射体正好从头顶掠过。在南纬 43 度到北纬 50 度都能看到

该流星雨，在南纬 43 度时，流星雨刚刚掠过地平线。再往南就看不到了，因为它无法从地平线下升起（图 4.18）。

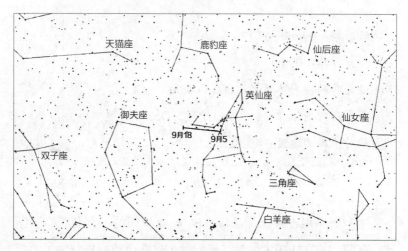

图 4.18 九月英仙座流星雨辐射体的漂移

4.10 御夫座 δ 流星雨（DAU）#224

活动期：09/18—10/10

极大日期：10/03

极大时的辐射体位置：088（05:52）+49

每晚的辐射体漂移：RA +1.1 度，Dec +0.1 度

相对地球的速度：40 英里 / 秒

该流星雨从 9 月 18 日到 10 月 10 日之间都很活跃，在此期间，辐射体从英仙座和御夫座的边界向东移动到御夫座的最北边。它的极大出现在 10 月 3 日左右，此时的 ZHR 为 3 颗。和九月英仙座流星雨一样，这个流星雨最适合从北方的高纬度地区观测。因为在那里，辐射体会在一天中漆黑的早上从头顶掠过。辐射体到达极大时的位置是 088（05:52）+49。这个位置位于黄色的零等星五车二（御夫座 α 星）的西北方向 5 度。其入射的速度为 40 英里 / 秒，大部分的流星体都会迅速穿过天空（图 4.19）。

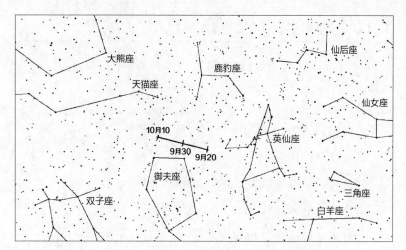

图 4.19　御夫座 δ 流星雨辐射体的漂移

4.11 双子座 ε 流星雨（EGE）#23

活动期：10/14—10/27

极大日期：10/18

极大时的辐射体位置：102（06:48）+27

每晚的辐射体漂移：RA +1.0 度，Dec 0.0 度

相对地球的速度：43 英里 / 秒

　　双子座 ε 流星雨的活动期是 10 月 14 到 27 日，极大出现在 10 月 18 日，当时的平均 ZHR 为 2 颗。双子座 ε 流星雨活动强度略强，由于与猎户座流星雨看上去类似，因此，该流星雨的部分成员很可能被当作猎户座流星雨的一部分，观测者很难把这两个流星雨的成员分开。毕竟这两个流星雨的辐射体位置也只相差 10 度。这个辐射体位于地球运动的顶点附近，因此，这个流星雨是与太阳相关的流星中速度最快的之一。流星以 43 英里 / 秒的速度正面撞击大气层，这个速度甚至比附近的猎户座流星雨的速度还要快。地球上的大部分地区都能看到这个流星雨，但在北纬 27 度附近观看的效果最佳。在那里辐射体于 LST 0500 左右直接飞过头顶。

　　10 月中旬，当辐射体开始活动时，其位于双子座和御夫座的边界处。辐射体以每晚 1 度的速度向东移动，10 月 18 日到达极大时，位置是 102（06:48）+27。该位置正在三等星井宿五（双子座 ε 星）附近，在它的东北 2 度。当流星雨停止活动时，

辐射体位于双子座中部，在明亮的一等星北河三西边 5 度（图
4.20—图 4.22）。

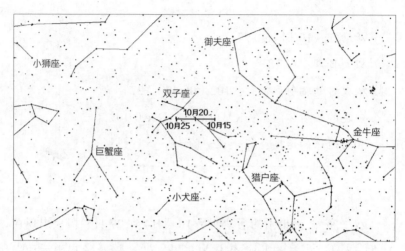

图 4.20　双子座ε流星雨辐射体的漂移

图 4.21　一颗双子座ε流星经过天狼星。

图 4.22　一颗双子座ε流星出现在麒麟座东部。

4.12 小狮座流星雨（LMI）#22

活动期：10/19—10/27

极大日期：10/24

极大时的辐射体位置：162（10:48）+37

每晚的辐射体漂移：RA +1.0 度，Dec −0.4 度

相对地球的速度：39 英里 / 秒

对于很多观测者而言，小狮座流星雨是一个比较新鲜的观测对象。在观看猎户座流星雨时，不少人都会注意到小狮座流星雨的微弱活动。在过去 20 年里，只有荷兰流星协会将其列为年度流星。希尔科·莫劳对观测视频的研究确认了这个流星雨的活动。现在，它被正式列入了国际流星组织的年度流星雨名单中。该流星雨的活动期从 10 月 19 日开始，在 10 月 24 日到达极大（ZHR 为 2 颗），到 27 日，回落到 1 颗。其辐射体一开始是位于小狮座的东北部，结束活动时，来到了大熊座的南部。在极大的那天夜里，它位于 162（10:48）+37 处。这个位置处于小狮座和大熊座的交界处，在四等星势增四（小狮座 β 星）以东 5 度处（图 4.23—图 4.25）。

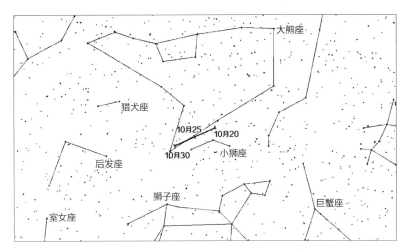

图 4.23　小狮座流星雨辐射体的漂移

图 4.24　一颗小狮座流星经过猎户座。

图 4.25 一颗小狮座火流星出现在长蛇座。

4.13 金牛座南北流星雨

金牛座南部流星雨（STA）#2

活动期：09/25—11/25

极大日期：11/05

极大时的辐射体位置：052（03:28）+15

每晚的辐射体漂移：RA +0.9 度，Dec +0.1 度

相对地球的速度：17 英里 / 秒

金牛座北部流星雨（NTA）#17

活动期：09/25—11/25

极大日期：11/12

极大时的辐射体位置：058（03:52）+22

每晚的辐射体漂移：RA +0.8 度，Dec +0.3 度

相对地球的速度：18 英里 / 秒

在 9 月的最后一周，地球开始遭遇恩克彗星（P 1/Encke）的粒子。这些粒子以金牛座流星雨的形式出现在我们的天空中，在黄道的北方和南方有两个不同的分支。这两个辐射体都是比较弥散的，我们给出的位置是它们各自的中心的位置。在 10 月和 11 月，这些辐射体与同样弥散的反日点流星辐射体重叠，因此，我们很难把反日点流星和金牛座南北流星区分开来。我们列出的这两个

金牛座流星雨，它们的辐射体是这段时间内流量最大的两个。

由于恩克彗星与地球的轨道交叠时间长达两个月，这个时间是所有流星雨中最长的；因此，在这段时间内产生的流星雨都可以算作金牛座流星雨。但实际上，这些流星雨在 9 月下旬位于双鱼座东部，10 月份在白羊座，11 月才到了金牛座。之所以称它们为金牛座流星雨，主要原因是它们在 11 月达到极大时，辐射体正好位于金牛座中心。

就像反日点流星一样，这些流星以近 90 度的角度撞击地球。因此，它们在天空中的移动速度是比较缓慢的。这些流星的最快角速度接近每秒 14 度。这个速度只有在辐射体位于地平线附近或者天顶的情况下才会出现。大多数金牛座流星的速度差不多是每秒 5 度，比其他大多数的流星雨都慢。

金牛座的流星雨中经常包含彩色的火流星，特别是在接近极大时。另外，活动的流量会逐年变化，阿马（Armagh）天文台大卫·阿舍（David Asher）和泉希洋志（Kiyoshi Izumi）的研究给出的结果是，变化周期大概是 3.39 年。[①]如果是这样的话，那么 2008、2012、2015、2022、2025、2032、2039、2042、2049 和 2052 年可能会产生比平时更强的活动，出现更多的火流星。

由于金牛座的辐射体位于对角点附近，因此，它们在夜间的大部分时候都是可见的。尤其对北半球的观测者而言更是如此。夜间，辐射体位于天空的高处。这个时间段有利于观测者的观测，因此，有助于更多的火流星被看到。辐射体到达最高点的时间是当地标准时间午夜时分。除了南极地区，地球上的所有地方都能

---

① Jenniskens, Peter (1994) http://home.planet.nl/~ terkuile/. Accessed 07 June 12.

看到这个流星雨。对南极地区来说，辐射体一直都未能升起，而且每年的这个时候，该地区都处于极昼或极夜之中。

金牛座流星雨在猎户座流星雨和狮子座流星雨活动期间都很活跃，当观测者面向这些流星雨的辐射体时，特别是在猎户座流星雨活动期间，由于这两个星座距离比较近，因此观察这两个区域之间的"战斗"是很有趣的。金牛座流星会慢慢向东抛出，而猎户座流星和狮子座流星会迅速向西飞去。

金牛座南部流星雨的活动极大出现在 11 月 5 日，比它的北部分支早了一周。在这一天，辐射体的中心位于 052（03:28）+15 处。这个辐射体中心的位置在金牛座的最西边，在橙色的一等星毕宿五（金牛座 α 星）以西 15 度。

金牛座北部流星雨在 11 月 12 日到达极大，辐射体中心位于 058（03:52）+22，同样位于金牛座西部，在裸眼可见的疏散星团昴星团（又名七姐妹星团）的东南方向 3 度处（图 4.26—图 4.28）。

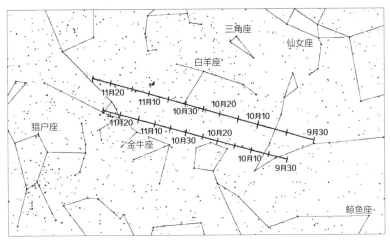

图 4.26　金牛座南北流星雨辐射体的漂移

图 4.27　猎户座的盾牌挡住了一颗金牛座南部流星。

图 4.28　这颗明亮的金牛座北部流星进入波江座。

4.14 船尾座—船帆座流星雨（PUP）#255

活动期：12/01—12/15

极大日期：12/06

极大时的辐射体位置：123（08:12）–45

每晚的辐射体漂移：RA +0.5 度，Dec 0.0 度

相对地球的速度：25 英里 / 秒

12 月到次年 3 月期间，存在着数量众多、非常复杂的弱流星雨群。它们中流量比较大的就是船尾座—船帆座流星雨。这个流星雨的极大似乎出现在 12 月的前两个星期，此时 ZHR 平均为 10 颗。在活动的其余期间，由于流量太低，很难用视观测方法进行研究。在同一时期，南半球能看见大量的偶发流星和其他的低流量流星雨。在这些流星的干扰下，观测者很可能会高估船尾座—船帆座流星雨的流量。

从北半球看，船尾座—船帆座流星雨的成员的辨识度很高，因为其辐射体非常接近于地平线。流星拖着长长的尾焰以优雅的姿态从南部地平线射出。如果观测者面朝南方，经常会看到这些流星与比较强烈的双子座流星雨一同出现。在北纬 45 度以上，很难看见这个流星雨。因为辐射体中心的高度太低了，离地平线很近。

在活动最频繁的两周内，辐射体中心从船尾座东部移动到船帆座西部。在活动期中间，辐射体的中心位于弧矢增二十二（船

尾座 ζ 星）以北几度的位置。对于南半球的观测者而言，辐射体位于高空，而且其位置正好处于银河附近。观看该流星雨的同时，还能看到银河和其他许多明亮的星座，这是一种美妙的享受（图 4.29—图 4.31）。

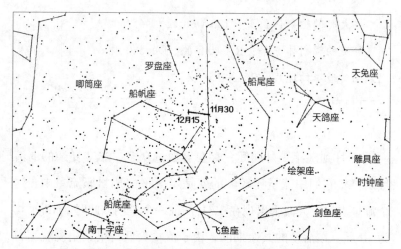

图 4.29　船尾座—船帆座流星雨辐射体的漂移

图 4.30　一颗船尾座—船帆座流星出现在乌鸦座上方。

图 4.31　一颗暗弱的船尾座—船帆座流星经过天狼星和大犬座。

4.15 麒麟座流星雨（MON） #19

活动期：11/27—12/17

极大日期：12/08

极大时的辐射体位置：100（06:40）+08

每晚的辐射体漂移：RA +0.9 度，Dec 0.0 度

相对地球的速度：26 英里 / 秒

　　麒麟座流星雨是 12 月上旬最活跃的辐射体之一。它和双子座流星雨的活动期有不少交集，很多观测数据都是观测者在观测更强烈的双子座流星雨时收集到的。由于这个流星雨的流量很低，而且观测者的注意力大部分都集中在双子座流星雨上，因此，人们对这个流星雨的细节了解得还不是很清楚。一般认为，它的常见活动期处于 11 月 27 日至 12 月 17 日之间，极大出现在 12 月 8 日。希尔科·莫劳通过研究辐射体视频提出，该流星雨最活跃的时候是 12 月 6 到 19 日，极大出现在 6 日。莫劳指出上升阶段的数据缺失。[1]因此，我们认为该流星雨是在 11 月下旬开始活跃的。杰尼斯肯斯认为，该流星雨的活动期是 11 月 27 日到 12 月 17 日，极大出现在 12 月 13 日。[2]

[1]　Molau, Sirko (2006) How Good is the IMO Working List of Meteor Showers? A Complete Analysis of the IMO Video Meteor Database. http://www.imonet.org/imc06/imc06ppt. pdf. Accessed 07 August 31.

[2]　Jenniskens, Peter (2006) *Meteor Showers and their Parent Comets*. 468 – 469, Cambridge, New York.

从地球上的大部分地方，除了南极，都能看到该流星雨；最佳观测位置是在经度为 0 的地方，时间为 LST 0100。之所以在南极地区看不到，是因为每年的这个时候都有极昼或者极夜。11 月下旬时，辐射体的位置在猎户座东部，就在明亮的橙色变星参宿四（猎户座 α 星）以东几度。在流星活动最剧烈的时候，无论哪天，辐射体的位置都在麒麟座最北部。活动终止时，辐射体来到了麒麟座和小犬座的边界处。流星的入射速度是 26 英里 / 秒，大多数流星的入射速度为中等速度（图 4.32 和图 4.33）。

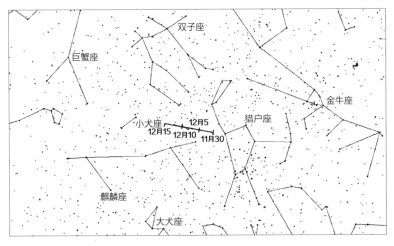

图 4.32　麒麟座流星雨辐射体的漂移

图 4.33 一颗明亮的麒麟座流星出现在猎户座南部。

4.16 长蛇座 σ 流星雨（HYD）#16

活动期：12/03—12/15

极大日期：12/11

极大时的辐射体位置：127（08:28）+02

每晚的辐射体漂移：RA +0.8 度，Dec −0.2 度

相对地球的速度：36 英里 / 秒

　　该流星雨是在 20 世纪 60 年代对雷达数据的研究中发现的。由于流量低，相关研究数据非常少。一般认为，它的活动期在 12 月 3 到 15 日之间，极大则出现在 11 日。希尔科·莫劳的视频显示，长蛇座 σ 流星雨在 11 月 30 日到 12 月 24 日都有活动。他还提到该流星雨可能会提前结束，大约在 12 月 18 日。[1]杰尼斯肯斯则认为活动期应该是 12 月 3 日到 12 月 18 日，其中在 17 日到达极大。[2]

　　12 月 5 日时，该辐射体位于长蛇座和小犬座的边界处，以每天大约 1 度的速度向东移动。极大时的位置是 127（08:28）+02。这个位置位于昏暗的柳宿二（长蛇座 σ 星）西南方 3 度处。在活动期结束时，辐射体刚好位于柳宿二的下方。

①　Molau, Sirko (2006) How Good is the IMO Working List of Meteor Showers? A Complete Analysis of the IMO Video Meteor Database. http://www.imonet.org/imc06/imc06ppt. pdf. Accessed 07 November 25.

②　Jenniskens, Peter (2006) *Meteor Showers and their Parent Comets*. 738, Cambridge, New York.

由于长蛇座 σ 流星雨几乎位于天球赤道上，除了出现极昼或者极夜的地区，其他地方都可以看到这个流星雨。辐射体在后半夜出现，它的最佳观测位置出现在 LST 0300 左右，此时辐射体在天空中的位置达到最高。这些流星雨以 36 英里 / 秒的速度撞击大气层，绝大部分的流星雨速度都很快（图 4.34 和图 4.35）。

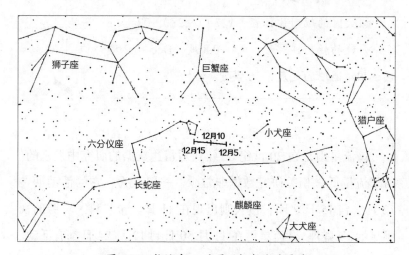

图 4.34　长蛇座 σ 流星雨辐射体的漂移

图 4.35　一颗长蛇座 σ 流星入射巨爵座。

4.17 后发座流星雨（COM）#20

活动期：12/12—01/23

极大日期：12/20

极大时的辐射体位置：177（11:48）+25

每晚的辐射体漂移：RA +0.8 度，Dec −0.3 度

相对地球的速度：40 英里/秒

后发座流星雨持续的时间很长，从 12 月 10 日左右一直持续到 1 月 20 日左右。一般认为，极大值出现在 12 月 20 日左右，但是这个数据和流星雨活动期的准确度都不是很高。

12 月和 1 月的北半球对于观测来说非常不友好，特别是考虑到该流星雨的活动期如此之长。活动期伊始，辐射体位于狮子座最北部，到达极大时，位于 177（11:48）+25 处，该位置是狮子座东北部一个比较空旷的区域。最近的亮星是五帝座一（狮子座 β 星），位于偏南 10 度处。辐射体很快就进入了后发座，在活动期剩余的大部分时间内，它都待在那里。当 ZHR 降至 1 颗以下的前一天（1 月 19 日），它会穿越边界，进入室女座北部。

后发座流星雨在午夜时分升起，从北纬 25 度处看，黎明前后一个小时内，效果最好。整个北半球都是很好的观测位置。处于南半球且靠近南极的观测者将很难看到这个流星雨。

后发座流星雨的峰值 ZHR 为 5 颗，在活动期的大部分时间，其平均 ZHR 为 1 到 2 颗。在双子座流星雨活动期间，观测者通

常会在黎明前的最后几个小时看到这些流星雨。到了活动末期，这些流星将从东部离开狮子座，通常会进入双子座区域。后发座流星雨的移动速度为 40 英里／秒，流星的速度通常都比较快，较亮流星的持续时间通常会比较长（图 4.36—图 4.38）。

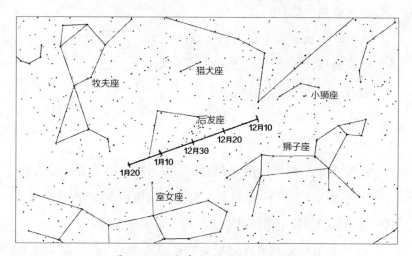

图 4.36　后发座流星雨辐射体的漂移

图 4.37　一颗后发座流星经过星宿一（长蛇座 α 星）。

图 4.38　一颗后发座流星出现在巨爵座。

第五章 / 可变流星雨

有一些流星雨，它们的流量随着年份的变化有着比较大的波动。比如，可能前一年的流量非常大，但是下一年又完全没有活动。在本章中，我们将介绍 11 个这样的流星雨，并给出它们的辐射分布图，以方便读者更快地找到它们。此外，活动期、预计的极大日期和相对于地球的速度等参数也会予以介绍。同时，我们也会讨论每个流星雨未来出现的可能性。最后，如果有相关照片的话，也会在书中给出。

有一些流星雨只在某些环境有利的年份出现，这是由于其对应的流星物质只在那些特定年份与地球有交集。这里列出的流星雨有可能产生流星暴，或者也有可能完全没有活动。对于其中的大部分来说，每年的流量都很低。在某些情况下，某些流星雨只出现过一次。我们期待在未来能看到这些流星雨再次出现。

这些可变流星雨中的大部分，都是由长周期彗星在返回太阳系内部时分裂出的碎片产生的。因此，我们很难定位它们的流星物质，它们只在地球靠近这些物质的轨道时才会产生。除此之外，也有一些流星的来源是木星家族的彗星。这些彗星的轨道半径较小，完全位于太阳系内。而且，它们的轨道很大程度上受到巨行星木星的影响。在我们接下来要介绍的所有流星中，其流星物质都已经被确定下来了。

一个有意思的事实是，下面要介绍的绝大多数流星雨，其最佳观测时间都是在夜间，这与之前我们介绍的年度大型流星雨观测完全不同。这使得观测者得以在夜间进行观测，并且有机会看到通常在夜间这一时间段内出现的缓慢的偶发流星活动。

在这些流星雨中，尽管有些流量并不高，但是我们仍将其列在年度流星列表中，希望此举可以鼓励观测者对它们进行观测。观测这些流星雨的平均回报低于为小型流星雨设定的标准，观测者通常很难看到这些流星雨。但是，在晚上观察时，偶发流星的流量远低于黎明之前偶发流星的流量；因此，这些流星雨受到偶发流星污染的可能性很小。只要观测到的某个流星的角速度和路径的长度在给定的范围内，观测者就可以比较放心地把它划为对应流星雨的成员。

在本章中，可变流星雨是按照时间顺序排序的。一开始，我们会介绍该流星雨被发现的简明历史、现在的状态以及未来观测它们的可能性，当然，我们也会介绍可变流星雨的观测参数，像它们各自的最佳观测时间和地点。除了我们介绍的这些流星雨，在历史上曾经还有很多其他被观测到的流星雨，这里我们只介绍那些在 21 世纪可能会再次出现的流星雨。

5.1 ┃ 罗盘座 α 流星雨（APX）#122

罗盘座 α 流星雨是南非的资深流星雨观测者蒂姆·库珀（Tim Cooper）在 1979 年 3 月 6 日晚间发现的。眼睛看到的流星平均每小时只有 5 颗，但是在大部分流星速度都很慢的 3 月夜空中，想发现这些流星其实并不难。次年，也有人报告观测到这个流星雨，其后就再没有记录了。彼得·杰尼斯肯斯博士对这一流星雨的研究表明，它下一次出现可能是在 2038 年和 2039 年。[①]其中，2039 年的流量应该会比较大一些，因为在这一年流星物质的尘埃轨迹更加接近地球。

该流星雨的辐射体位于 135（09:00）–35 处。这片天空位于罗盘座南部，在四等星罗盘座 α 星以东 4 度处。在北纬 55 度以南的地方都可以看到这个流星雨，南纬 35 度附近的观测效果最佳。在 LST 2200 左右辐射体正好经过天顶。这个时间段是最佳

[①] Jenniskens, Peter (2006) *Meteor Showers and Their Parent Comets*. 618, Cambridge, New York.

观测时段，因为无论在哪儿，这都是该辐射体在天空中高度最高的时候。该流星雨的成员的速度普遍中等偏下（图 5.1）。

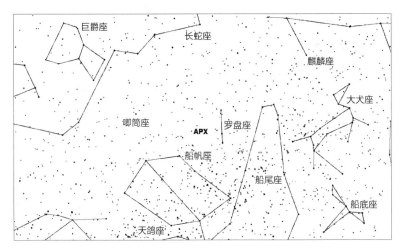

图 5.1　罗盘座 α 流星雨辐射体的位置

5.2 ┃ 船尾座 π 流星雨（PPU）#137

活动期：04/15—04/28

极大日期：04/23

极大时的辐射体位置：110（07:20）–45

每晚的辐射体漂移：RA +0.4 度，Dec –0.1 度

相对地球的速度：11 英里 / 秒

　　船尾座 π 流星雨是由木星家族彗星葛里格 – 斯杰勒鲁普彗星（26 P/Grigg-Skjellerup）的碎片产生的。地球在每年的 4月 23 日接近这颗彗星的轨道，这个季节流星雨活动很少，一般每晚只有几颗。当地球轨道接近葛里格 – 斯杰勒鲁普彗星的碎片轨道时，就会有这个流星雨变强烈的活动被观测到。遗憾的是，在 21 世纪的前四分之一，我们很难看到这个流星雨的活动。2003 年和 2006 年是最近一次观测到它们的时候，但是这两年的流量都不大。直到 2029 年，地球才会再次接近这些尘埃，那时将会产生更强的活动。类似地，2034 年地球也会与这些彗星碎片相遇，而且预计会比 2029 年那次产生更为强烈的流星雨。

　　船尾座 π 流星雨的辐射体仅在 4 月 15 到 28 日期间活跃，极大出现在 23 日，此时的辐射体位于 110（07:20）–45。这个位置位于船尾座的西南部，靠近三等星弧矢增二十四（船尾座 σ星）。由于辐射体的赤纬非常偏南，在北纬 35 度以北的地方无法观测到这个流星雨。其实在北纬 35 度到 45 度之间，流星雨是位

于地平线之上的，但是问题在于，流星雨活动时正好是傍晚，太阳光的干扰使得北纬 35 度以北的区域都不能看到这个流星雨。

从北纬 25 度看，航海暮光快结束时，辐射体位于西南方向天空 17 度高，此时太阳的高度位于地平线以下 12 度。在这个高度上，我们只能看到船尾座 π 流星雨 29% 的活动。当观测者向南走时，情况会大大改善。从南纬 25 度看到的辐射体位于67 度的高度，此时太阳位于地平线以下 12 度。这种状况使得观测者能看到 92% 的活动。与北纬 25 度相比，这是一个非常大的提高！

夜晚，当大空变暗时，是观测船尾座 π 流星雨的最佳时刻。从北纬 25 度看，这个流星雨的最佳观测时间是 LST 2130，从南纬 25 度看则是 LST 0100。在南纬 45 度以南，辐射体会呈现绕极分布，在天空中会停留 24 小时。这些流星的速度是 11 英里／秒，看起来移动得很慢（图 5.2）。

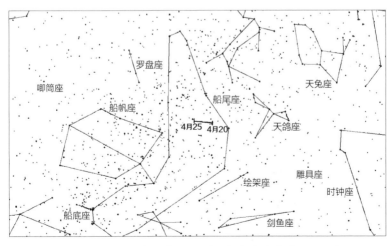

图 5.2　船尾座 π 流星雨辐射体的漂移

5.3 武仙座 τ 流星雨（THE）#61

> 活动期：05/19—06/14
>
> 极大日期：06/02
>
> 极大时的辐射体位置：236（15:44）+41
>
> 每晚的辐射体漂移：RA −0.1 度，Dec +0.9 度
>
> 相对地球的速度：9 英里 / 秒

武仙座 τ 流星雨最近出现得比较少，它是由"施瓦斯曼 – 瓦赫曼 3 号"彗星（73 P/Schwassmann-Wachmann）的碎片产生的。这颗彗星在 1995 年经历了一次剧烈的解体，解体之后的碎片在 2006 年 5 月与地球有一次"亲密接触"。许多观测者能够记录 5 月和 6 月初这个流星雨的低流量活动。本书作者也曾有幸在这段时间拍到了一些视频。

我们预测在 2011 年 6 月 2 日，[①]世界时间 05 : 45 左右，地球与这个流星碎片又会相遇。这个时间点有利于整个北美地区进行观测，而且这时的月亮是新月，更加有利于观测。虽然流量不大，但这个流星雨届时将会在 6 月的夜空中成为主角。此外，在下列日期，这个流星雨会再次现身：2017 年 5 月 31 日，2022 年 5 月 29 日—31 日，2033 年 5 月 6 日，2049 年 4 月 29 日—5 月 8 日，2065 年 4 月 30 日—5 月 9 日，2086 年 6 月 25 日，以及 2098 年 7

---

① 本书写作时间是 2008 年，因此，作者说预测 2011 年会有武仙座 τ 流星雨。——译者注

月 18 至 20 日。其中，2022 年的流星雨特别值得期待，因为它的流量会比较大。这是由于 2022 年地球与 1995 年产生的彗星碎片的距离会非常近。2049 年彗星回归时的流星流量也会不错。[1]

武仙座 τ 流星雨的辐射体位置还没能被准确地确定下来。这个流星雨曾经被当作每年都会出现的固定流星雨。当时它的位置是 228（15:12）+39，靠近牧夫座。最近的列表给出了一些更为离散的数据，根据这些数据，辐射体的位置在 236（15:44）+41 附近，位于牧夫座、北冕座和武仙座的交界处。最近的亮星是牧夫座北方的七公六（牧夫座 μ 星）。一旦天黑，流星雨将在东方的夜空中出现，而且位置比较高，在 LST 2300 时达到最高点。在北纬 40 度附近的观测者会看到辐射体出现在天顶。黄昏会干扰北纬 55 度以北的观测者。在南纬 50 度以北的任何地方都可以看到该流星雨。如果再往南，辐射体就不会越过地平线了，因此无法被人看见（图 5.3—图 5.5）。

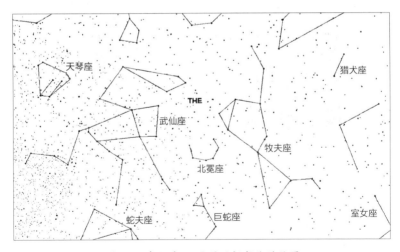

图 5.3　武仙座 τ 流星雨辐射体的位置

---

[1]　Jenniskens, Peter (2006) *Meteor Showers and Their Parent Comets*. 760 – 766, Cambridge, New York.

图 5.4　一颗武仙座 τ 流星射入巨蛇座。

图 5.5　一颗武仙座 τ 流星出现在盾牌座。

5.4 圆规座 α 流星雨（ACI）#162

> 活动期：06/04—06/04
>
> 极大日期：06/04
>
> 极大时的辐射体位置：218（14:32）−70
>
> 每晚的辐射体漂移：—
>
> 相对地球的速度：17 英里 / 秒

　　圆规座 α 流星雨存在的证据主要来自 1977 年在澳大利亚昆士兰的一次观测。基于这个证据，彼得·杰尼斯肯斯博士推测，该流星雨有可能在 2033 年再次出现。[1]

　　该流星雨的辐射体位于 218（14:32）−70 处，也就是圆规座的南方。最近的亮星是零等星南门二（半人马座 α 星），位于辐射体以北 10 度处。该辐射体的赤纬非常偏南，这就导致在北纬 20 度以北的观测者无法看到这个流星雨。当然，基于同样的理由，越往南越有利于对这个流星雨的观测。此时看到的流星雨的高度很高，在 LST 2200 时达到最高。在南纬 20 度以南，这个流星雨的辐射体是绕极的，而且全天都在天空中。在 6 月上旬，辐射体于 LST 2200 上升到最大高度（图 5.6）。

---

[1]　Jenniskens, Peter (2006) *Meteor Showers and Their Parent Comets*. 760 – 763, Cambridge, New York.

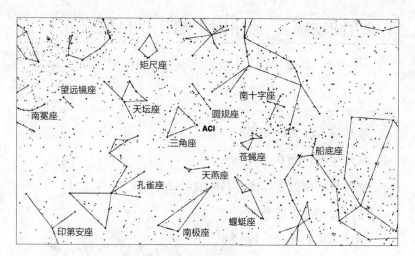

图 5.6　圆规座 α 流星雨辐射体的位置

5.5 海豚座 γ 流星雨（GDE）#65

活动期：06/01—06/20

极大日期：06/11

极大时的辐射体位置：312（20:48）+17

每晚的辐射体漂移：RA +0.8 度，Dec +0.2 度

相对地球的速度：35 英里 / 秒

　　海豚座 γ 流星雨因 1930 年的一次爆发而闻名于世，尽管从那以后再也没有活动，但彼得·杰尼斯肯斯博士预测，它可能会在 2013 年和 2027 年 6 月 11 日再次出现。[①] 1930 年爆发的 ZHR 远远超过 100 颗，但未来几次爆发的 ZHR 则无法预测。这个辐射体的任何活动都是值得注意的。

　　海豚座 γ 流星雨的辐射体位于 312（20:48）+17 处，在海豚座的东北部，靠近著名的海豚座 γ 双星。在夜间的大部分时候，海豚座都位于地平线上方，于 LST 0300 到 LST 0400 之间位于最高点，此时最有利于观测。北半球热带地区是观测的最佳位置，因为对这一位置的观测者来说，流星会从他们的头顶划过。这是少数能产生高速流星的可变流星雨（图 5.7）。

---

① Jenniskens, Peter (2006) *Meteor Showers and Their Parent Comets*. 760 – 762, Cambridge, New York.

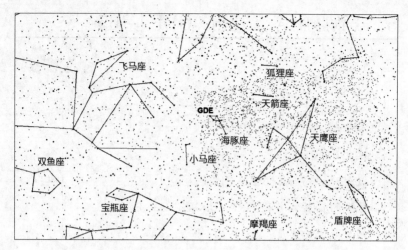

图 5.7 海豚座 γ 流星雨辐射体的位置

5.6 | 六月牧夫座流星雨（JBO）#170

活动期：06/22—07/02

极大日期：06/27

极大时的辐射体位置：224（14:56）+48

每晚的辐射体漂移：RA +0.6 度，Dec −0.4 度

相对地球的速度：11 英里 / 秒

　　6 月底和 7 月初，六月牧夫座流星雨的成员偶见于天空。这些流星的来源是庞士 – 温尼克彗星（7 P/Pons-Winnecke）的碎片。这个流星雨已经沉寂了将近 75 年，曾在 1998 年 6 月 27 日的夜空中突然出现。在那个夜晚，地球遭遇了 19 世纪上半叶彗星留下的未知碎片群。当时的流量非常大，ZHR 超过了 500 颗。在接下来的 5 年内，这个流星雨变得非常平静，流量最高时每晚也不过几颗流星。在 2004 年，当 ZHR 接近 20 颗时，又出现了一次比较温和的爆发，[①]在 2010 年和 2028 年也会有类似的弱爆发。

　　极大时六月牧夫座流星雨的辐射体位于 224（14:56）+48 处。该位置位于牧夫座北部，在二等星瑶光以东约 15 度。该流星雨的最佳观测时间是太阳下山后不久的那段时间。最佳的观测纬度是北纬 48 度，在这个地方，流星雨的辐射体在黄昏时正好位于天顶附近。再往北走，天空在傍晚时分依然很亮，因此不太适合

---

① 　Jenniskens, Peter (2006) *Meteor Showers and Their Parent Comets*. 673, Cambridge, New York.

观测，到北纬 55 度时就变得完全不可观测了。南半球的夜晚更长，但是在这些地方辐射体的高度开始下降，在南纬 42 度以上时，还能勉强看到，越过这个纬度就完全看不到这个流星雨了。

六月牧夫座流星雨是从尾部遭遇地球，因此它正在追赶地球，是速度最慢的流星雨之一。它射入地球的速度只有 11 英里/秒（图 5.8 和图 5.9），与之对比，狮子座流星雨的射入速度是 43 英里/秒。

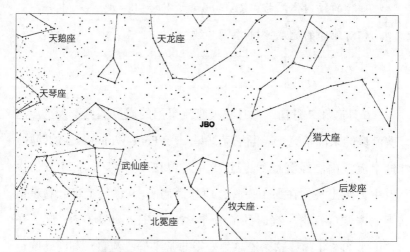

图 5.8　六月牧夫座流星雨辐射体的位置

图 5.9　一颗六月牧夫座流星进入天鹰座。

5.7 水蛇座 β 流星雨（BHY）#198

活动期：08/17—08/17

极大日期：08/17

极大时的辐射体位置：023（01:32）-76

每晚的辐射体漂移：—

相对地球的速度：16 英里 / 秒

水蛇座 β 流星雨只被观测到过一次。1985 年 8 月 16 日，澳大利亚西部的一群观测者在小麦哲伦云（Small Magellanic Cloud）的南部目睹了一次短暂而强烈的流星雨爆发。在高峰时期，ZHR 估计超过了 100 颗。彼得·杰尼斯肯斯博士的研究表明，该流星雨在 2020 年再次出现。[1]

1985 年爆发的位置是 023（01:32）-76，位于水蛇座南部，小麦哲伦云以南 4 度处。最近的亮星是一颗三等星蛇尾一（水蛇座 β 星），位于辐射体以西 15 度处。

由于辐射体的位置非常靠南，因此在北纬 14 度以北的地方无法看到这个流星雨。也就是说，能观看的区域是赤道地区以及整个南半球。观测位置越靠南，辐射体在夜空中的高度越高，也就越有利于观测。从南纬 25 度看，辐射体在黄昏时分位于南方

---

[1] Jenniskens, Peter (2006) *Meteor Showers and Their Parent Comets*. 617, Cambridge, New York.

低处，夜间上升到更高的南方天空。最佳观测时间是在黎明前，因为此时流星雨辐射体在天空中的位置达到最高（图 5.10）。

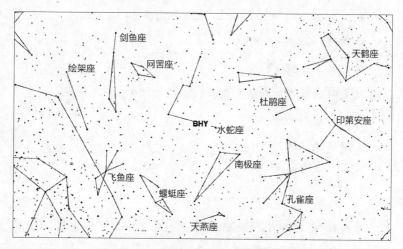

图 5.10　水蛇座 β 流星雨辐射体的位置

5.8 天龙座流星雨（GIA）#9

活动期：10/06—10/10

极大日期：10/08

极大时的辐射体位置：262（17:28）+54

每晚的辐射体漂移：RA +0.4 度，Dec 0.0 度

相对地球的速度：12 英里 / 秒

天龙座流星雨［又称贾可比尼流星雨（Giacobinids）］提供了 20 世纪最让人难忘的两场流星暴。每年 10 月，地球接近贾可比尼 – 秦诺彗星(21 P/Giacobini-Zinner)的轨道。在 10 月 8 日夜晚，通常可以看到一两颗来自它的流星，它们通常是随机出现的。当到了某些年份，地球非常接近贾可比尼 – 秦诺彗星留下的尘埃，这就使得观测者可以看到更剧烈的流星活动。

20 世纪的流星爆发，就是由于当时地球距离这些尘埃的轨迹非常近。不幸的是，短期内人们并不期待这样的现象会再次出现。不过，在 2011 年、2012 年、2020 年、2024 年、2025 年、2030 年、2035 年、2037 年、2042 年和 2044 年，流星雨的流量相对来说应该比较大。其中，2011 年应是流量最大的一年，尤其是在东半球，预计 ZHR 接近 20 颗，但这个 ZHR 相比于一些大型流星雨来说仍然不是很大。[①]

---

① Jenniskens, Peter (2006) *Meteor Showers and Their Parent Comets.* 678, Cambridge, New York.

天龙座流星雨的活动期很短，只在 10 月 8 日前后的 4 天。那时候，辐射体位于 262（17:28）+54 处，这片天空位于天龙座南部，在菱形星座（也被称为天龙的头部）的西边。[①]北半球的高纬度地区最适合观看这个流星雨，因为傍晚天刚黑的时候辐射体就会出现在天空中，而且高度非常高。

　　天龙座流星雨辐射体的高度随着观测者向南移动而逐渐降低，在赤道以南，高度低到几乎让观测者看不到这个流星雨。在赤道上，该流星雨在黄昏时的高度接近 30 度，再往南，在南纬 25 度时，黄昏时的高度就不到 5 度了。继续往南，观测者就几乎看不到这个流星雨了。

　　像所有出现在这个时段的流星雨一样，该流星雨的入射速度比较慢，大概是 12 英里 / 秒。而且流星通常都很微弱，在城市地区或者月亮比较亮的夜晚就几乎看不到它们了（图 5.11 和图 5.12）。

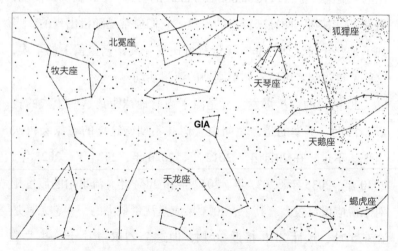

图 5.11　天龙座流星雨辐射体的位置

---

① 可参考：Globular cluster NGC 5694，https://astronomy.com/observing/observing-podcasts/2013/05/the-lozenge-ngc-5694-and-ngc-3521。——译者注

图 5.12　一颗短促的天龙座流星出现在狐狸座。

5.9 ┃ 仙女座流星雨（AND）#18

> 活动期：11/08—11/15
>
> 极大日期：11/09
>
> 极大时的辐射体位置：025（01:40）+27
>
> 每晚的辐射体漂移：RA +0.2 度，Dec + 1.0 度
>
> 相对地球的速度：12 英里 / 秒

19 世纪，仙女座流星雨产生过两次很有名的流星暴。但是在那之后，它每年的流量一直很小。主要是因为比拉彗星（3 D/Biela）的轨道不再与地球相交，观测者每年看到的那些流星雨基本上都来自彗星轨道外围区域的一些碎片。很遗憾，短期内似乎不会再出现流星暴了。这两场 19 世纪的仙女座流星暴是从仙女座北部靠近天大将军一（仙女座 γ 星）处辐射开来的。如今这个辐射体已经向南移动了 15 度左右，到了双鱼座北边。离现在的辐射体最近的亮星是娄宿三（白羊座 α 星），偏离辐射体东南 6 度。

19 世纪的流星暴发生在 11 月下旬，相比于那时，当前流星雨极大出现的时间提前到了 11 月 9 日。在 11 月的夜晚，辐射体在黄昏时位于北方天空的低处，它在 LST 2200 到 LST 2300 之间达到最大高度。这种活动在北纬低纬度地区最容易看到，因为在那里辐射体穿过头顶。再往北走，辐射体的高度会逐渐降低，与此同时，比较有利于观测的一点是，北方的夜晚更长，这是一个小小的优势。往南走的话，辐射体会向北方的地平线下沉，而且

夜晚变得更短，不利于观测。该流星雨成员的移动速度似乎比较缓慢，在 12 英里 / 秒左右（图 5.13）。

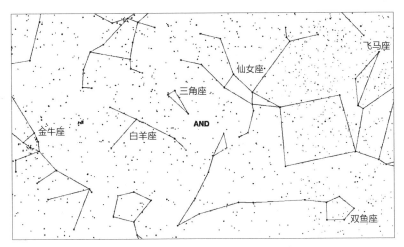

图 5.13　仙女座流星雨辐射体的位置

5.10 麒麟座 α 流星雨（AMO）#246

活动期：11/15—11/25

极大日期：11/21

极大时的辐射体位置：117（07:48）+01

每晚的辐射体漂移：RA +0.8 度，Dec −0.2 度

相对地球的速度：40 英里/秒

　　11 月，在狮子座流星雨达到极大之后不久，观测者们会注意到一个短暂的流星雨，即麒麟座 α 流星雨，它在 11 月 21 日或 22 日达到极大。这场流星雨以短暂而强烈的爆发而闻名，在 20 世纪曾出现过四次。有趣的是，爆发的年份都以"5"结束。前三次爆发是完全出乎意料的，被观测者们偶然记录到。人们认为，由于持续时间很短（30 分钟），应该还存在一些没有被记录在案的流星暴。

　　得益于以流星为主题的杂志文章、互联网帖子和电子邮件，1995 年麒麟座 α 流星雨的爆发得到了很好的宣传，而且最终得到了很好的观察和记录。随着 20 世纪 90 年代后期对流星物质轨迹的研究，人们发现，这次麒麟座 α 流星雨爆发只是一种巧合，在 10 年内（2005 年之前）不会再有爆发。不幸的是，这一预测是准确的，而且这次爆发被证明比以前想象的更罕见。下一次麒麟座 α 流星雨活动预测将在 2043 年 11 月 22 日的世界时间 10:58

左右发生。[①]

麒麟座 α 流星雨在 11 月 15 日左右开始活动，当夜能看到一两颗流星。此后流星雨会一直保持比较稳定的低流量，直到极大出现。在正常的年份（没有流星暴时），极大也无非意味着流量增加到每小时 1 或 2 颗，肯定不会更多。事实上，希尔科·莫劳通过对该流星雨录像的研究表明，观测者根本无法把这个流星雨区分开来。[②]极大之后，流星雨的流量将很快回到极大值之前的状态并一直持续到 11 月 25 日前后。从那之后流星雨的流量降低到临界流量之下。

早期，人们认为麒麟座 α 流星雨的辐射位置在麒麟座的中部，但是，1995 年流星暴之后，该位置被修正到了麒麟座与小犬座的边界处。在亮星南河三（小犬座 α 星）东南方向 5 度处。无论你在哪里，辐射体都会在 LST 2100 到 LST 2200 之间升起，并在 LST 0300 到 LST 0400 之间到达最高。除了被极昼和极夜影响的区域，地球上的其他地方都可以看到这个流星雨。麒麟座 α 流星以 40 英里 / 秒的速度撞击地球，这是为数不多的能产生高速流星的可变流星雨之一（图 5.14 和图 5.15）。

① Jenniskens, Peter (2006) *Meteor Showers and Their Parent Comets*. 618, Cambridge, New York.

② Molau, Sirko (2006) How Good is the IMO Working List of Meteor Showers? A Complete Analysis of the IMO Video Database. http://www.imonet.org/imc06/imc06ppt.pdf. Accessed 11 November 07.

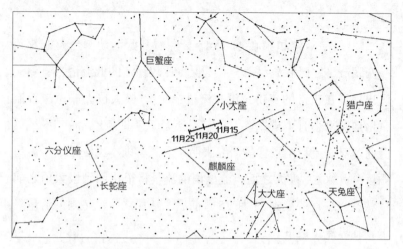

图 5.14　麒麟座 α 流星雨辐射体的漂移

图 5.15　一颗长长的麒麟座 α 流星进入白羊座。

5.11 凤凰座流星雨（PHO）#254

活动期：11/28—12/09

极大日期：12/06

极大时的辐射体位置：018（01:12）−53

每晚的辐射体漂移：RA +0.6 度，Dec −0.2 度

相对地球的速度：11 英里 / 秒

　　凤凰座流星雨出现的次数比较少，它最让人印象深刻的是在 19 世纪和 20 世纪的爆发。事实上，由于这个流星雨的流量非常小，一些组织已经在考虑将这个流星雨从他们的年度流星雨名单中剔除。更为遗憾的是，在短期内凤凰座流星雨不会再次爆发。[①]

　　凤凰座流星雨的活动期是 11 月 28 日至 12 月 9 日。依据其最近一次在 1956 年爆发的时间情况，极大出现在 12 月 6 日。

　　凤凰座流星雨辐射体的位置是在凤凰座的东南部，位于一等星水委一（波江座 α 星）以北 7 度处。由于其辐射体位置偏南，北纬 37 度以北的观测者将无法观测到这个流星雨。对于那些在北纬低纬度地区的人来说，辐射体在黄昏之后不久就会升起，在 LST 2000 左右上升到最大高度。再往南的话，辐射体将会在太阳下山时升起，从南纬 53 度看，辐射体的最高点将会

[①]　Jenniskens, Peter (2006) *Meteor Showers and Their Parent Comets*. 690, Cambridge, New York.

位于天顶。不过很遗憾，由于该流星雨爆发时南纬 53 度的白天更长，太阳在 LST 2000 时仍然没有下山，因此无法看到辐射体。在南纬 25 度附近反而更有利于观测，这是由于那里在 LST 2000 时已经是晚上了，此时辐射体仍位于南部天空 60 度的高度（图 5.16）。

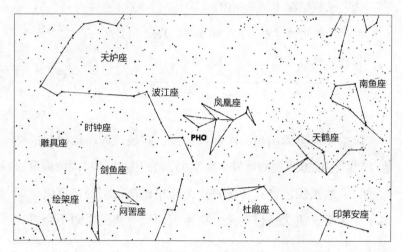

图 5.16　凤凰座流星雨辐射体的位置

第六章

白昼流星雨

在大部分人的印象中，流星都是在晚上出现的，大家并没有意识到白天也是有流星雨活动的。而且有一些流星只在白天活跃。这些流星无法通过肉眼观察到，但是可以通过射电天文（即无线电）的方法进行观测。这一章将会介绍12个这样的流星雨，会给出它们的活动期、极大日期、极大时的辐射体位置、每晚的辐射体漂移量以及相对于地球的运动速度等。其中，有几个流星雨，由于离太阳很远，在黎明前能看到的机会很小。对于这部分流星雨我们将讨论如何对它们进行观测。

之所以出现白昼流星雨，是因为一年中这些流星雨的辐射体位置恰好位于太阳附近的天区。只有在少数情况下，观测者才能在黄昏或者黎明（太阳光没那么强）时看到它们。但也只是能看到这些流星雨活动的一小部分而已，没法看到其活动的全貌。

由于无法在可见光波段观察这些流星雨，观测者的最佳选择是使用射电或者雷达设备对其进行观测，这些设备在白天和夜晚都能操作。一年中最强的两次流星雨都出现在大白天。白昼白羊座流星雨在6月7日达到极大值，其ZHR能达到60颗；而在6月9日达到极大的白昼英仙座 ζ 流星雨，它的ZHR也有40颗。对于无线电观测者来说，6月7到9日这段时间肯定是一年中不容错过的盛大节日！

时至今日，我们仍无法确信我们已经找到了所有的白昼流星雨。有许多被怀疑但没能确定下来的流星雨。在本章中，我们所介绍的流星雨都是已经被确定下来的，它们每年都会重复出现。这些流星雨是无线电观测者的最佳目标，我们将按照时间顺序依次介绍它们，并在每个流星雨的介绍中给出相关参数。

与之前介绍过的年度流星雨不同的是，无论是大型还是小型的白昼流星雨，其活动期都集中在上半年。这一时期的一些流星雨活动其实是与相同星座的夜间流星雨在下半年的活动构成对应关系的。入射的流星物质在一年中的下半年可见，而出射物质的辐射体位置接近太阳，这就是在上半年活跃的白昼流星雨。

这些白昼流星雨的大部分信息都是从国际流星组织提供的流星雨日历中获得的。①

---

① McBeath, Alastair (2006) *2008 IMO Meteor Shower Calendar*, 28.

6.1 白昼摩羯座—人马座流星雨（DCS）#115

活动期：01/15—02/04

极大日期：02/02

极大时的辐射体位置：299（19:56）–15

每天的辐射体漂移：RA +0.9 度，Dec +0.2 度

相对地球的速度：18 英里 / 秒

白昼摩羯座—人马座流星雨的辐射体位于人马座北部，太阳西北方向 18 度。无论观测者位于地球上的哪个位置，这个流星雨的辐射体都会在 LST 1100 时达到最高。从北纬 50 度看，最佳观测时段是当地标准时间的 11 到 14 时之间；从南纬 25 度看，最佳观测时段则是当地标准时间的 9 到 14 时之间。预计的射电辐射强度为中等。

6.2 白昼摩羯座 χ 流星雨（DXC）#114

活动期：01/29—02/28

极大日期：02/14

极大时的辐射体位置：315（21:00）–24

每天的辐射体漂移：RA +0.9 度，Dec +0.2 度

相对地球的速度：11 英里 / 秒

　　白昼摩羯座 χ 流星雨的辐射体位于摩羯座南部，太阳西南方 17 度。无论观测者位于地球上的哪个位置，这个流星雨的辐射体都会在 LST 1100 时达到最高。从北纬 50 度观测，最佳观测时段是当地标准时间的 10 到 13 时之间；从南纬 25 度观测，最佳观测时段则是当地标准时间的 8 到 15 时之间。另外，这个流星雨属于近日点流星，预计其射电的辐射强度很低。

6.3 白昼四月双鱼座流星雨（APS）#144

活动期：04/08—04/29

极大日期：04/20

极大时的辐射体位置：007（00:28）+07

每天的辐射体漂移：RA +0.8 度，Dec +0.3 度

相对地球的速度：17 英里 / 秒

　　白昼四月双鱼座流星雨的辐射体位于双鱼座中部，太阳西南方大约 23 度处。无论观测者位于地球上的哪个位置，该流星雨的辐射体都会在 LST 1000 左右达到最高。对于北纬 50 度的观测者而言，最佳观测时段是当地标准时间的 7 到 14 时之间；从南纬 25 度观测，最佳观测时段则是当地时间的 8 到 13 时之间。该流星雨的射电辐射强度很低。

6.4 白昼双鱼座 δ 流星雨

活动期：04/24—04/24

极大日期：04/24

极大时的辐射体位置：011（00:44）+12

每天的辐射体漂移：—

相对地球的速度：—

　　白昼双鱼座 δ 流星雨的辐射体位于双鱼座中部，太阳以西21度。无论观测者位于地球上的哪个位置，这个白昼流星雨的辐射体都将在 LST 1000 左右达到最高。从北纬50度观测，最佳观测时段是当地标准时间的7到14时之间；从南纬25度观测，最佳观测时段则是当地标准时间的8到13时之间。该流星雨的射电辐射强度很低。

6.5 白昼白羊座 ε 流星雨（DEA）#154

> 活动期：04/24—05/27
>
> 极大日期：05/09
>
> 极大时的辐射体位置：044（02:56）+21
>
> 每天的辐射体漂移：RA +0.8 度，Dec +0.2 度
>
> 相对地球的速度：13 英里/秒

　　白昼白羊座 ε 流星雨的辐射体位于白羊座中部，太阳西北方向 5 度。无论观测者位于地球上的哪个位置，这个白昼流星雨的辐射体都将在中午左右达到最高。从北纬 50 度观测，最佳观测时段是当地标准时间的 8 到 15 时之间；从南纬 25 度观测，最佳观测时段则是当地时间的 10 到 14 时之间。该流星雨的射电辐射强度很低。

6.6 白昼五月白羊座流星雨（DMA）#294

活动期：05/04—06/06

极大日期：05/16

极大时的辐射体位置：037（02:28）+17

每天的辐射体漂移：RA +0.8 度，Dec +0.2 度

相对地球的速度：16 英里 / 秒

　　白昼五月白羊座流星雨的辐射体位于白羊座中部，太阳以西
18 度。无论观测者在什么地方，该流星雨的辐射体都会在 LST
1100 左右达到最高。对于北纬 50 度的观测者而言，最佳观测时
段是当地标准时间的 8 到 15 时之间；而从南纬 25 度观测，最佳
观测时段则是当地标准时间的 9 到 13 时之间。该流星雨的射电
辐射强度很低。

6.7 | 白昼鲸鱼座 o 流星雨

活动期：05/05—06/02

极大日期：05/20

极大时的辐射体位置：028（01:52）-04

每天的辐射体漂移：—

相对地球的速度：—

鲸鱼座 o 流星雨的辐射体位于太阳西南方向 40 度，在双鱼座的东南角上。对于地球上的所有观测者而言，这个流星雨的辐射体都在 LST 1000 左右达到最高。从北纬 50 度和南纬 25 度观测，两地的最佳观测时间都是当地标准时间的 7 到 13 时之间。南半球的观测者相对来说比较容易看到这个流星雨。因为流星雨爆发是在早上 7 时，此时天色还比较暗，有利于观测。但遗憾的是这个流星雨的射电辐射强度太低了。

6.8 白昼白羊座流星雨（DAR）#171

活动期：05/22—07/02

极大日期：06/07

极大时的辐射体位置：044（02:56）+24

每天的辐射体漂移：RA +0.7 度，Dec +0.6 度

相对地球的速度：22 英里 / 秒

白昼白羊座流星雨位于白羊座的东北部，太阳以西 32 度。对于地球上的所有观测者而言，这个流星雨的辐射体都在 LST 1000 左右达到最高。从北纬 50 度观测，最佳观测时间是当地标准时间上午 6 时到下午的 2 时之间；对于南纬 25 度处的观测者而言，则在当地标准时间 8 到 12 时之间。这个流星雨适合使用射电方法观测，其射电辐射强度很高。

这是少数几个可以用肉眼直接观察到的白昼流星雨之一。在黎明之前，接近极大时，观测者可能会看到白昼白羊座流星雨的一些流星从东北地平线上射出，它们以掠地流星的形式出现，持续时间很长。从北纬 25 度看，黎明时分白昼白羊座流星雨的辐射体位于东北方向地平线上 15 度。在这个高度上，可以看到该流星雨 26% 的活动。

随着纬度往北移动，观测条件也逐渐变差。在北纬 50 度，黎明时分辐射体的高度只高出地平线 3 度。因此，观测者只能看到 5% 的流星雨活动。从赤道上看，观测条件略有改善，黎明时

分辐射体的高度在地平线以上 18 度，这使得观测者能看到 31%的流星雨活动量。进入南半球后，观测条件又开始变糟。在南纬 25 度时辐射体回落到东北部地平线以上 15 度的高度。

白昼白羊座流星雨也属于近日点流星的一员。

6.9 白昼英仙座 ζ 流星雨（ZPE）#172

活动期：05/20—07/05

极大日期：06/09

极大时的辐射体位置：062（04:08）+23

每天的辐射体漂移：RA +1.1 度，Dec +0.4 度

相对地球的速度：17 英里 / 秒

　　白昼英仙座 ζ 流星雨的辐射体位于金牛座西部，太阳以西 17 度处。无论观测者位于什么位置，这个白昼流星雨的辐射体都将在 LST 1100 左右达到最高。从北纬 50 度的地方看，当地标准时间的 7 到 15 时之间是最佳观测时段；在南纬 25 度处，最佳观测时段则是当地标准时间 9 到 13 时之间。这个流星雨的射电辐射强度很高。

　　这个强烈的流星雨辐射体其实在很多地方黎明前不久就升起了，遗憾的是，由于活跃的白羊座流星雨就在它旁边，观测者很难把这两个流星雨区分开来。这是由恩克彗星产生的金牛座复合流星雨的一部分，这些流星物质与 10 月和 11 月产生的金牛座南部流星雨的流星物质轨道相同。

6.10 白昼金牛座 β 流星雨（BTA）#173

活动期：06/05—07/17

极大日期：06/28

极大时的辐射体位置：086（05:44）+19

每天的辐射体漂移：RA +0.8 度，Dec +0.4 度

相对地球的速度：19 英里 / 秒

白昼金牛座 β 流星雨位于金牛座东部，太阳以西 8 度处。无论观测者位于什么位置，这个白昼流星雨的辐射体都会在 LST 1100 左右达到最高。从北纬 50 度的地方看，当地标准时间 8 到 15 时之间是最佳观测时段；在南纬 25 度处，最佳观测时段则是当地标准时间的 9 到 13 时之间。这个流星雨的射电辐射强度为中等。

白昼金牛座 β 流星雨是第三强的白昼流星雨，但遗憾的是，它距离太阳太近，无法通过肉眼直接观测。该流星雨也是由恩克彗星产生的金牛座复合流星雨的一部分，这些流星物质与 10 月和 11 月产生的金牛座北部流星雨的流星物质轨道相同。

6.11 白昼狮子座 γ 流星雨（GLE）#203

活动期：08/14—09/12

极大日期：08/25

极大时的辐射体位置：155（10:20）+20

每天的辐射体漂移：RA +0.8 度，Dec −0.3 度

相对地球的速度：14 英里 / 秒

白昼狮子座 γ 流星雨的辐射体位于狮子座西部，太阳以北 10 度处。无论观测者位于什么位置，这个白昼流星雨辐射体都在当地时间的中午左右达到最高。从北纬 50 度的地方看，当地标准时间的 8 到 16 时之间是最佳观测时段；在南纬 25 度处看，最佳观测时段则是当地时间的 10 到 14 时之间。这个流星雨的射电辐射强度很低。

6.12 白昼六分仪座流星雨（DSX）#221

活动期：09/09—10/09

极大日期：09/27

极大时的辐射体位置：152（10:08）00

每天的辐射体漂移：RA +0.8 度，Dec −0.3 度

相对地球的速度：14 英里/秒

　　白昼六分仪座流星雨的辐射体位于六分仪座的中部，太阳以西 33 度处。这个白昼流星雨的辐射体在曙光开始时的高度为 15 到 20 度之间。这个距离离太阳足够远，在接近极大时，白昼六分仪座流星雨辐射体的一些活动可以用肉眼直接看到。彼得·杰尼斯肯斯博士给出了这个流星雨的 ZHR，为 20 颗。[①] 无论观测者位于什么位置，这个白昼流星雨的辐射体都将在 LST 1000 左右达到最高。从北纬 50 度的地方看，当地标准时间 6 到 12 时之间是最佳的观测时段；在南纬 25 度处，最佳观测时段则是当地标准时间的 6 到 13 时之间。这个流星雨的射电辐射强度为中等。

---

① Jenniskens, Peter (2006) *Meteor Showers and Their Parent Comets*. 727, Cambridge, New York.

第七章

可能的新流星雨

在分析国际流星组织的视频数据库时，希尔科·莫劳发现了19个目前没有出现在国际流星组织名单上的新流星雨。能进入名单的流星雨不能是"昙花一现式的流星雨"，而必须要至少连续出现4年。这些新流星雨本应该被观测者在野外认出来，但由于它们的流量比较低，人们还不能很好地区分这些新流星雨和偶发流星。我们鼓励观测者对这些新流星雨进行观测，以确认或者否认它们。

观测时，观测者把注意力集中在某一天区，即使看到了流星，往往也只是偶发流星的活动。因此，对于大部分区域而言，即使出现了一次性爆发，也很难说出现了新的流星雨，因为它大概率不会再次出现。

使用视频观测的方法可以反复对比不同年份之间同一天区的活动，在视频观测方法成熟之前，观测者使用的方法往往是把流星活动绘制为星图，然后在观测结束之后检查往年的数据，看是否有重复。如果发现可能的重复辐射体，就要在下一年的同一时间对其进行观测，以便查看它的活动是否还会重复。对于个体观测者而言，这是一项工作量巨大的挑战。而且还有其他的不利因素，比如，月球每三年就可能出现一次比较严重的光污染，而且有可能在重复观测时会出现天气不好的时候，这就导致没法重复验证。

如果有一个由众多观测者积累的大量流星数据组成的数据库，就可以用它来研究每年流星雨的活动情况，以验证该流星雨是否每年都会出现。德国的希尔科·莫劳就构造了一个这样庞大的数据库，它拥有超过 10 年的高质量数据，这些数据已经被不同的软件反复处理、验证过。在 1993 到 2006 年期间，希尔科的数据库记录下的流星数量超过 18.8 万颗。对这些流星进行分析发现，其中共有 54 个流星雨至少连续 4 年重复出现。

除了目前公认的那些年度大型流星雨和偶发流星之外，还发现了 19 个新流星雨的候选体。这些新流星雨的流量都比较小，但确实是肉眼可见的。因为与大部分的摄像设备相比，肉眼对较弱的流星的敏感度要更高一些。与为流星工作设计的摄像机镜头相比，眼睛还有一个优势，那就是它拥有更广阔的视野。当然，相机的优势是在冬夜外出时它从不感到疲惫或寒冷。在月亮明亮的夜晚，当大部分观测者都选择停止观测时，摄像机也会记录数据。遗憾的是，该数据库的主要观测数据来自欧洲，而那里难以观测到南方的流星活动，因此，该数据库缺乏来自南半球的观测数据，这阻碍了我们对年度流星雨活动的全面了解。

下文将给出的是新流星雨的清单，按照发生的先后顺序排列。有关这些流星雨的信息来自希尔科·莫劳对国际流星组织视频流星数据库的分析。[①] 在这些新流星雨中，有一些是从国际天文学联合会的流星雨列表中找到的。相应的国际天文学联合会编号可以从他们的网站获得。[②] 需要注意的是，随着时间的推移，这些流星雨的观测数据也会越来越多，因此，相关的参数有可能被更新。建议观测者在实际观测之前查看一下最新的参数。

①   Molau, Sirko (2006) How Good is the IMO Working List of Meteor Showers? A Complete Analysis of the IMO Video Database. http://www.imonet.org/imc06/imc06ppt.pdf. Accessed 21 November 07.

②   http://www.astro.amu.edu.pl/~jopek/MDC2007/Roje/roje_lista.php?corobic_roje=0&sort_roje=0. Accessed 21 November 07.

7.1 一月狮子座流星雨（JLE）#319

活动期：01/01—01/06

极大日期：01/03

极大时的辐射体位置：146（09:00）+25

每晚的辐射体漂移：RA +1.2 度，Dec −0.5 度

相对地球的速度：34 英里/秒

一月狮子座流星雨的辐射体位于狮子座的"镰刀"之内，与11月的狮子座流星雨辐射体所处位置非常接近（图7.1）。1月上旬，在 LST 2000 左右，辐射体升起，在凌晨3时左右到达最高高度，这是观测和核实该流星雨的最佳时间。

该辐射体周边还存在两个较活跃的辐射体，巨蟹座向西辐射的反日点流星辐射体以及狮子座东北部向东北方向辐射的后发座流星雨。除此之外，长蛇座 α 流星雨辐射体也有微弱的活动，位于一月狮子座流星雨辐射体的西南侧。除去这三个辐射体，流量大得多的象限仪座流星雨也处于活动期，不过它的活动时间是早上。一月狮子座流星雨的大部分成员都是高速流星，其速度大概是34英里/秒，这速度与后发座流星雨非常接近。北半球的低纬度地区比较利于观测该流星雨。在对视频的分析中共发现了118颗流星。

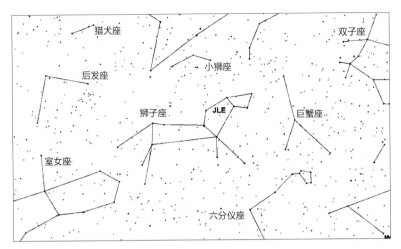

图 7.1 ——月狮子座流星雨辐射体的位置

7.2 长蛇座 α 流星雨 （AHY）#331

活动期：12/31—01/11

极大日期：01/07

极大时的辐射体位置：129（08:36）–09

每晚的辐射体漂移：RA +0.6 度，Dec –0.1 度

相对地球的速度：24 英里 / 秒

长蛇座 α 流星雨的辐射体位于明亮恒星星宿一的西南方，长蛇座和麒麟座交界处。1 月初，长蛇座 α 流星雨的辐射体在 LST 2000 升起，与一月狮子座流星雨一样，这个辐射体在 LST 0300 左右上升到最高点，此时是最佳观测时间。

在长蛇座 α 流星雨的辐射体北部还有另外 3 个活跃的辐射源。其中包括流量很小的一月狮子座流星雨，流量稍大的反日辐射体，以及更强的后发座流星雨。除了这 3 个辐射源外，更强劲的象限仪座流星雨也会出现，但时间是黎明之前，比长蛇座 α 流星雨的活动时间稍晚。长蛇座 α 流星雨的速度大概是 24 英里 / 秒，属于中速流星。在视频数据分析中发现了该流星雨的 128 颗成员（图 7.2）。

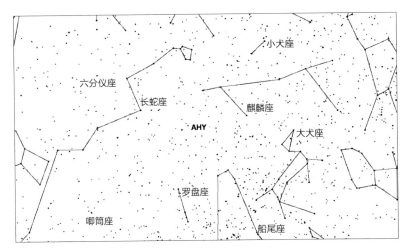

图 7.2 长蛇座 α 流星雨辐射体的位置

7.3 二月六分仪座流星雨（FSX）

活动期：01/31—02/06

极大日期：02/02

极大时的辐射体位置：158（10:32）–11

每晚的辐射体漂移：RA +0.7 度，Dec –0.7 度

相对地球的速度：26 英里 / 秒

二月六分仪座流星雨的辐射体位于六分仪座和长蛇座的交界处。距离最近的亮星是星宿一，位于该星以西的 15 度。2 月初，这个辐射体从 LST 2100 左右开始升起，直到 LST 0400 时到达地平线以上最高点。在此处，只有一个其他的活跃辐射体存在，那就是反日点流星的辐射体，它位于西北方，狮子座以西的 20 度。该流星雨成员的速度基本为 26 英里 / 秒，属于中等速度，快于一般的反日点流星。在视频分析中发现了 101 颗该流星雨的成员流星（图 7.3）。

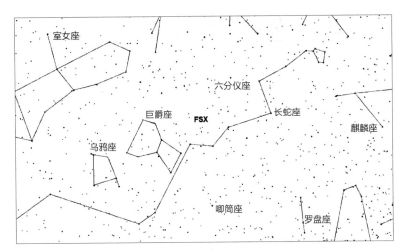

图 7.3　二月六分仪座流星雨辐射体的位置

7.4 四月天龙座流星雨（APD）

活动期：03/31—04/06

极大日期：04/06

极大时的辐射体位置：202（13:28）+64

每晚的辐射体漂移：RA −1.8 度，Dec +0.3 度

相对地球的速度：11 英里 / 秒

四月天龙座流星雨的辐射体位于著名的"大北斗"（Big Dipper）七星以北。距离最近的亮星是右枢（天龙座 α 星），也就是远古文明时代的北极星。在北纬 26 度以北，辐射体环绕天极附近，这个辐射体在 LST 0200 到达地平线以上的最高点，此时的观测效果最佳。在此处，只有一个其他辐射体活跃着，那就是反日点流星的辐射体。它位于西北方，狮子座以西的 20 度。该流星雨成员的速度基本为 11 英里 / 秒，属于低等速度。在视频分析中发现了 101 颗该流星雨的成员流星（图 7.4）。

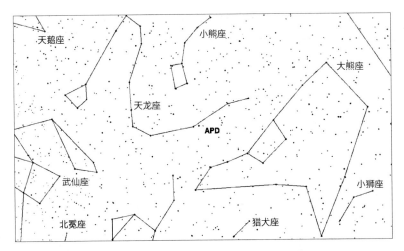

图 7.4　四月天龙座流星雨辐射体的位置

7.5 六月天鹰座北部流星雨（NZC）#164

> 活动期：06/23—06/30
>
> 极大日期：06/25
>
> 极大时的辐射体位置：304（20:16）−07
>
> 每晚的辐射体漂移：RA 0.9 度，Dec +0.3 度
>
> 相对地球的速度：25 英里/秒

　　六月天鹰座北部流星雨的辐射体位于宝瓶座和天鹰座的交界处。距离最近的亮星是河鼓二（天鹰座 α 星，也就是牛郎星），位于流星雨辐射体西北方向 10 度。这个辐射体从 LST 2000 左右开始升起，直到 LST 0200 时到达地平线以上的最高点，这也是最佳观测时间。在此处，只有一个其他的活跃辐射体存在，那就是反日点流星的辐射体。它位于西南方，人马座以东 20 度。该流星雨成员的速度基本为 25 英里/秒，属于中等速度。在视频分析中发现了 288 颗该流星雨的成员流星。在 6 月下旬平静的天空中，这些流星会很显眼。另外，其速度与反日点流星的差距比较大，因此，应该很容易把它们区分开来，特别是在面对着辐射体大概方向的时候（图 7.5）。

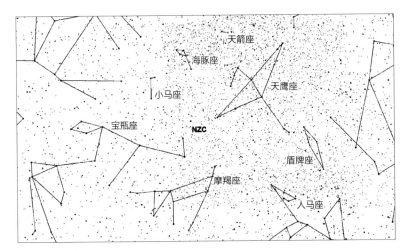

图 7.5　六月天鹰座北部流星雨辐射体的位置

7.6 宝瓶座 β 流星雨（BAQ）

活动期：07/17—07/22

极大日期：07/19

极大时的辐射体位置：323（21:32）–02

每晚的辐射体漂移：RA 0.1 度，Dec +0.4 度

相对地球的速度：24 英里 / 秒

宝瓶座 β 流星雨的辐射体位于宝瓶座西部的三等星虚宿一（宝瓶座 β 星）的正北方。这个辐射体从 LST 2000 左右开始升起，直到 LST 0200 到达地平线以上的最高点，这也是最佳观测时间。在此处，只有一个其他辐射体存在，那就是反日点流星的辐射体。它位于西南方，摩羯座以西。唯一可能把两个不同类别的流星雨分开的方法就是面对该方向仔细观察。该流星雨成员的速度基本为 24 英里 / 秒，属于中等速度，比反日点流星稍微快一点。在视频分析中发现了 159 颗该流星雨的成员流星（图 7.6）。

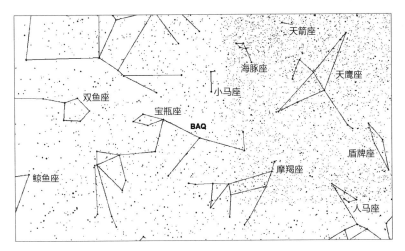

图 7.6　宝瓶座 β 流星雨辐射体的位置

7.7 ▌八月摩羯座流星雨（AUC）

活动期：08/13—08/24

极大日期：08/22

极大时的辐射体位置：306（20:24）–11

每晚的辐射体漂移：RA –1.0 度，Dec –0.8 度

相对地球的速度：12 英里 / 秒

　　八月摩羯座流星雨的辐射体位于摩羯座西部，在肉眼可见的双星摩羯座 α 附近。注意不要把该辐射体与摩羯座 α 流星雨相混淆。那个流星雨是在 7 月 30 日达到极大，8 月 22 日结束活动。8 月中旬，辐射体上升的时候，天空已经变得相当黑了，在 LST 2300 到达地平线以上的最高点，这也是最佳观测时间。此时，宝瓶座流星雨已经在 7 月下旬结束。因此，几乎所有的流星雨活动都位于摩羯座。反日点流星的辐射体位于宝瓶座东北部，距离八月摩羯座流星雨的辐射体很远，当观测者面对辐射体时，很容易把这两种流星区分开来。该流星雨成员的速度基本为 12 英里 / 秒，属于低等速度，这个特点使得它们更容易被区分开来。在视频分析中发现了 376 颗该流星雨的成员流星（图 7.7）。

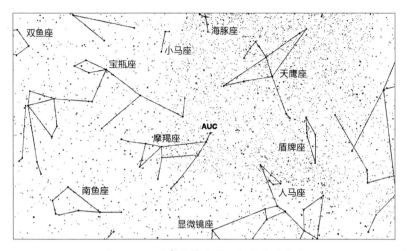

图 7.7　八月摩羯座流星雨辐射体的位置

7.8 仙后座 ε 流星雨（ECS）

活动期：08/20—08/26

极大日期：08/26

极大时的辐射体位置：035（02:20）+62

每晚的辐射体漂移：RA –1.1 度，Dec –1.2 度

相对地球的速度：31 英里 / 秒

　　仙后座 ε 流星雨的辐射体位于仙后座东部，在三等星阁道二（仙后座 ε 星）的东南方 3 度处。在北纬 28 度以北，该辐射体是绕极的。这个辐射体在 LST 0430 到达最高点，这也是最佳观测时间。此时，英仙座流星雨的流量已经降低至每小时 1 颗以下，而御夫座流星雨刚刚开始活跃，其流量与英仙座流星雨接近。但是，每年这个时候北半球偶发流星的流量比较高，因此，观测者应该注意不要把偶发流星和仙后座 ε 流星雨相混淆。好消息是，反日点流星的辐射体距离该流星雨的辐射体足够远，因此不会造成干扰。该流星雨的入射速度基本为 31 英里 / 秒，属于中等速度。在视频分析中发现了 196 颗该流星雨的成员流星（图 7.8）。

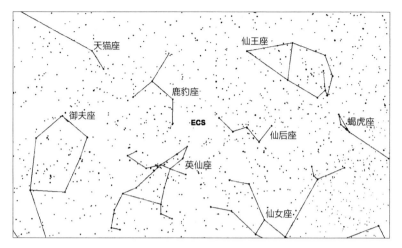

图 7.8　仙后座 ε 流星雨辐射体的位置

7.9 ▎八月天龙座流星雨（AUD）#197

活动期：08/26—09/01

极大日期：08/27

极大时的辐射体位置：292（19:28）+65

每晚的辐射体漂移：RA –1.8 度，Dec –1.2 度

相对地球的速度：19 英里 / 秒

八月天龙座流星雨的辐射体位于天龙座区域内，靠近仙王座。找到这个区域的更简单的方法是，找到天津四（天鹅座 α 星）与北极二，该区域大概位于这两颗恒星连线的中点处。八月天龙座流星雨的辐射体与天鹅座 κ 流星雨的辐射体位置比较接近。但是到 8 月底，天鹅座 κ 流星雨已经接近活动末期，其流量在每小时 1 颗以下。在北纬 25 度以北，该辐射体的流星是绕极的。这个辐射体在 LST 2100 到达地平线以上的最高点，这也是最佳观测时间。反日点流星的辐射体位于宝瓶座和双鱼座的边界处，因此，距离该流星的辐射体足够远，应该不至于让观测者混淆。该流星雨成员的速度基本为 19 英里 / 秒，属于中等速度，与反日点流星的速度相当。在视频分析中发现了 172 颗该流星雨的成员流星（图 7.9）。

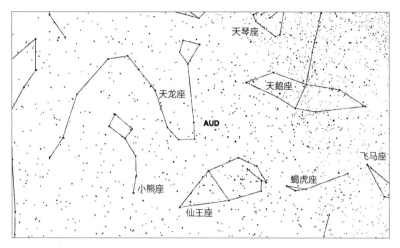

图 7.9　八月天龙座流星雨辐射体的位置

7.10 九月小熊座流星雨（SUM）

　　九月小熊座流星雨的辐射体位于小熊座的中部，靠近北极星勾陈一的位置。在北纬 7 度以北，该辐射体辐射出的流星是绕极的。有趣的是，如果再往南 14 度，到了南纬 7 度，观测者就完全看不到该流星雨了。这个辐射体在 LST 1800 到达最高点。对北半球的大部分区域来说，此时天空并没有全黑，因此，等一两个小时后天一黑，能看清楚的时候，就是最佳观测时刻了。在同样的时刻，较强烈的御夫座流星雨也处于活动期，但活跃时间通常在早上。九月天猫座南部流星雨也在此时达到极大，但此时的活动量比较低，而且辐射体距离小熊座比较远。该流星雨成员的速度基本为 24 英里／秒，属于中等速度。在视频分析中只发现了 80 颗该流星雨的成员流星，这意味着，这个流星雨的流量应该不大（图 7.10）。

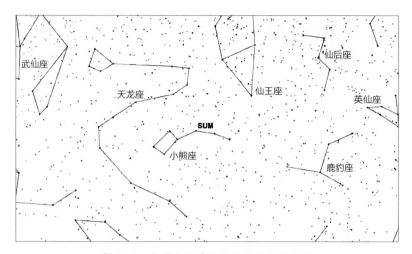

图 7.10　九月小熊座流星雨辐射体的位置

7.11 ┃ 九月天猫座南部流星雨（SSL）

活动期：08/28—09/05

极大日期：09/01

极大时的辐射体位置：111（07:24）+39

每晚的辐射体漂移：RA +1.4 度，Dec −1.5 度

相对地球的速度：32 英里/秒

　　九月天猫座南部流星雨的辐射体在御夫座的极东部，毗邻天猫座。在这个位置以东 6 度，有双子座内著名的双星北河二。这个辐射体在当地标准时间午夜时分刚刚冲破地平线，并在 LST 0800 到达地平线上的最高点。也就是说，辐射体到达最高点时已经是白天了，这使得观测它的最佳时间是黎明之前，天空还足够黑的时候。较强烈的御夫座流星雨与这个流星雨同时处于活跃期，因此，要注意把该流星雨与御夫座的流星雨区分开来。这两个流星雨都会产生高速流星，但御夫座流星雨数量会更多。如果观测者想要很好地区分这两个流星雨的成员，那么应该把这两个辐射体都置于视线之内。因此，面对北方是一个不错的选择，既能看到九月天猫座南部流星雨，也能看到御夫座流星雨，还能观测到小熊座 ε 流星雨。九月天猫座南部流星雨成员的速度基本为 32 英里/秒，属于高速流星。在视频分析中发现了数量可观的 220 颗该流星雨的成员流星（图 7.11）。

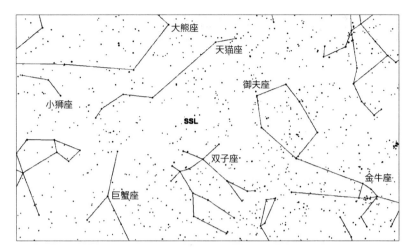

图 7.11　九月天猫座南部流星雨辐射体的位置

7.12 九月天猫座北部流星雨（NSL）

活动期：09/09—09/16

极大日期：09/13

极大时的辐射体位置：114（07:36）+56

每晚的辐射体漂移：RA +2.6 度，Dec −0.1 度

相对地球的速度：33 英里 / 秒

九月天猫座北部流星雨的辐射体位于天猫座北部，处在一个非常靠北的位置。距离最近的亮星是五车二，该星位于辐射体西南方 20 度左右。在北纬 34 度以北，该辐射体辐射出的流星是绕极的。这个辐射体在 LST 0700 到达最高点，这时已经进入了白天，因此，该流星雨的最佳观测时间是天亮之前的几个小时。比这个流星雨流量大的九月英仙座流星雨也会在同一时期活跃，因此，必须注意区别这两者。它们都会产生高速流星，但九月英仙座流星雨的流星数量会更多。如果观测者想要更好地区分这两个流星雨，最好是把它们的辐射体都置于观测的视野之内。九月天猫座北部流星雨成员的速度基本为 33 英里 / 秒，属于中等速度。在视频分析中发现了 113 颗该流星雨的成员流星（图 7.12）。

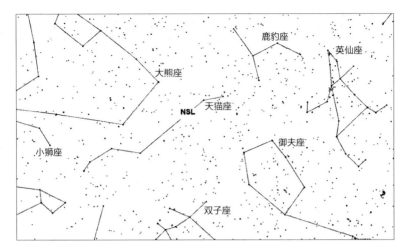

图 7.12 九月天猫座北部流星雨辐射体的位置

7.13 ┃ 九月猎户座 α 流星雨（AOR）#211

活动期：09/24—09/30

极大日期：09/27

极大时的辐射体位置：081（05:24）+07

每晚的辐射体漂移：RA +1.4 度，Dec −0.1 度

相对地球的速度：37 英里 / 秒

九月猎户座 α 流星雨的辐射体位于猎户座西北部，靠近亮星参宿五（猎户座 γ 星）。注意不要把这个流星雨与年度大型流星雨猎户座流星雨相混淆，后者是在 10 月的第一周才进入活跃期。这个辐射体在当地标准时间午夜时分升起，在 LST 0500 达到最高点。此时其他活跃流星雨还包括微弱的御夫座 δ 流星雨，它位于九月猎户座 α 流星雨辐射体的北边；以及位于西部的金牛座流星雨，它有两个辐射体。

这个时间段出现的偶发流星流量比较大，因此，偶发流星还是有可能会干扰到对该流星雨的观测。观测者应该通过辐射体位置以及流星的速度来区分偶发流星和来自该流星雨的成员流星。该流星雨成员的速度基本为 37 英里 / 秒，属于高速流星。在视频分析中发现了 432 颗该流星雨的成员流星，观测者看到的流星数量应该不会少（图 7.13）。

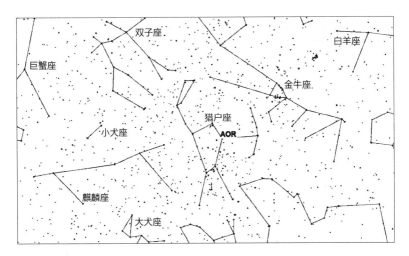

图 7.13 九月猎户座 α 流星雨辐射体的位置

7.14 十月鹿豹座流星雨（OCT）

这个可能的流星雨是最近发现的，它的活跃期应该是在10 月 1 日到 10 日之间，但极大似乎只有两个小时，出现在 10月 5 日的夜晚。这个流星雨会产生比较多的明亮流星，它的辐射体位于天龙座和鹿豹座的交界处，距离最近的亮星是四等星SAO1551。北极星勾陈一位于该辐射体以北 12 度,在几乎整个北半球，该辐射体发出的流星是绕极的。该辐射体到达最高点的位置通常都是在黎明或者黄昏时分。这种不常见的情况导致南半球几乎看不到这个流星雨。该流星雨成员的速度基本为29 英里/秒，属于中速流星。这个流星雨应该很容易被观测者看到，我们鼓励观测者在相应时间内注意北方天空的活动，以验证该流星雨的存在（图 7.14）。

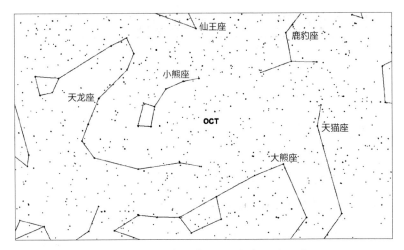

图 7.14　十月鹿豹座流星雨辐射体的位置

7.15 小熊座 ε 流星雨（EUR）

> 活动期：10/10—10/16
>
> 极大日期：10/12
>
> 极大时的辐射体位置：248（16:32）+82
>
> 每晚的辐射体漂移：RA –3.6 度，Dec +0.9 度
>
> 相对地球的速度：22 英里/秒

　　小熊座 ε 流星雨的辐射体位于小熊座中部，非常靠近四等星勾陈三（小熊座 ε 星），对于北纬 8 度以及更北的区域来说，该辐射体发出的流星是绕极的。该辐射体在 LST 1600，也就是大概下午四点的时候达到最高点。对北半球的大部分观测者来说，此时的天空还很亮，不足以看到流星。因此，最佳观测时间是天刚黑的那段时间。该辐射体附近没有其他同时处于活跃期的流星雨，因此，有助于把该流星雨与其他流星（主要是偶发流星）分辨开来。与此同时，猎户座流星雨和金牛座流星雨也处于活跃期，但它们的辐射体都距离天顶很远，不会造成干扰。该流星雨成员的速度基本为 22 英里/秒，属于中等速度。在视频分析中发现了 141 颗该流星雨的成员流星（图 7.15）。

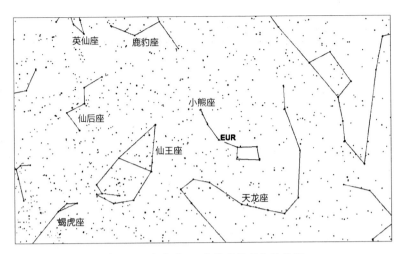

图 7.15　小熊座 ε 流星雨辐射休的位置

7.16 大熊座 τ 流星雨（TUM）

活动期：10/12—10/18

极大日期：10/15

极大时的辐射体位置：146（09:48）+65

每晚的辐射体漂移：—

相对地球的速度：33 英里 / 秒

这个流星雨也是最近使用视频分析技术发现的。除了北半球的高纬度地区，其他地区在夜间看到的辐射流量都很小。它的最佳观测时间是黎明之前的几个小时，此时它在天空中的位置最高。北半球的观测者将会比南半球的观测者获得更好的视觉效果。从南半球的热带地区也可以看到这个活动，但是能看到的成员流星非常少。这是由于除了北半球的高纬度地区，它到达最高点的位置都是白天。这个流星雨已经被两个不同的研究团队证实，因此，它很有可能就是一个新的年度流星雨。该流星雨成员的速度基本为 33 英里 / 秒，属于中速流星。我们鼓励观测者努力观测此流星活动，并将其报告给国内或国际的流星组织（图 7.16）。

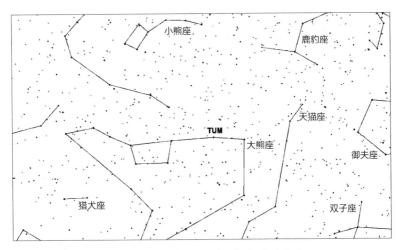

图 7.16 大熊座 τ 流星雨辐射体的位置

7.17 巨蟹座 ζ 流星雨（ZCN）#243

活动期：10/27—11/04

极大日期：10/31

极大时的辐射体位置：121（08:04）+16

每晚的辐射体漂移：RA –0.7 度，Dec +0.3 度

相对地球的速度：37 英里 / 秒

　　该流星雨的辐射体位于巨蟹座东部，最近的一颗亮星是北河三，位于辐射体西北方向 10 度。在 10 月下旬的夜晚，该辐射体在 LST 2300 左右升起，在 LST 0600 左右到达地平线以上最大高度。因此，最佳观测时间是黎明前天空全黑的几个小时。流量更大的猎户座流星雨在该辐射体以西 15 度处。因此，需要注意分辨这两者的成员流星。金牛座的流星雨辐射体在这一时期也很活跃，它位于巨蟹座 ζ 流星雨辐射体的西部。该流星雨成员的速度基本为 37 英里 / 秒，属于高速流星，与猎户座流星雨的速度接近。在视频数据分析中发现了 324 颗该流星雨的成员流星，它的观测效果应该是比较好的（图 7.17）。

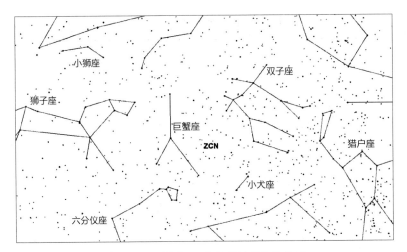

图 7.17　巨蟹座 ζ 流星雨辐射体的位置

7.18 十一月猎户座流星雨（NOO）#250

活动期：11/18—12/09

极大日期：11/28

极大时的辐射体位置：091（06:04）+16

每晚的辐射体漂移：RA +0.8 度，Dec +0.1 度

相对地球的速度：27 英里/秒

十一月猎户座流星雨的辐射体一开始位于猎户座的北部，结束时位于双子座的西部。在最活跃的夜晚，辐射体位于橙色的明星参宿四以北 8 度处。在 11 月下旬的夜空中，这个辐射体在 LST 1900 升起，并在 LST 0100 到 LST 0200 之间到达最大高度。在十一月猎户座流星雨辐射体的附近，有两个同时活跃的辐射体，它们分别是反日点流星辐射体和麒麟座流星雨辐射体。反日点流星辐射体位于十一月猎户座流星雨的辐射体以西 15 度，其流量应该比该流星雨稍微高一点。麒麟座流星雨辐射体位于西南方 9 度，靠近参宿四。在 11 月 28 日麒麟座流星雨的流量应该比该流星雨要弱一些。十一月猎户座流星雨的成员流星的入射速度大概在 27 英里/秒，是中等速度流星。麒麟座流星雨的速度与之接近，而反日点流星的速度则比较慢。视频数据中记录下了十一月猎户座流星雨的 915 颗成员流星，这说明该流星雨的视觉效果应该相当震撼，在 11 月下旬是一个很有代表性的流星雨（图 7.18）。

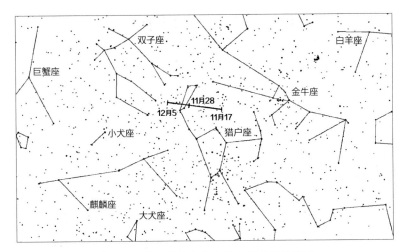

图 7.18 十一月猎户座流星雨辐射体的漂移

7.19 室女座 ε 流星雨（EVR）

活动期：12/19—12/24

极大日期：12/20

极大时的辐射体位置：202（06:04）+09

每晚的辐射体漂移：RA +1.3 度，Dec 0.0 度

相对地球的速度：39 英里 / 秒

室女座 ε 流星雨的辐射体位于室女座东南方约 5 度的三等星东次将（室女座 ε 星）处。其辐射体在 12 月中旬的 LST 0100 左右升起，随后到 LST 0700 该辐射体会到达地平线以上最大高度。在北半球的南部以及南半球，此时已经是白天，因此，对于这部分地区的观测者来说，最佳观测时间是黎明之前的几个小时。流量更大的后发座流星雨的辐射体位于靠近北部的地方，因此，需要注意区别后发座流星雨和该流星雨。位于双子座和小熊座的反日点流星辐射体距离该辐射体的位置较远，因此，不太可能会造成干扰。该流星雨的成员流星的入射速度大概在 39 英里 / 秒，属于高速流星。这个速度实际上接近后发座流星雨的速度。视频数据中记录下了 131 颗室女座 ε 流星雨的成员流星（图 7.19）。

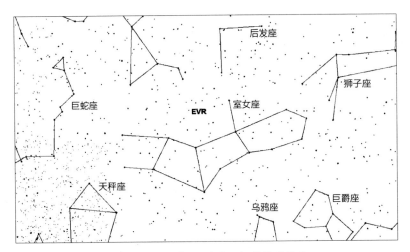

图 7.19　室女座 ε 流星雨辐射体的位置

第八章

流星观测方法

对流星雨进行研究时，有很多种可供选择的方法，包括简单的肉眼计数和使用专业摄像机进行拍摄。在本章中，我们将介绍各种观测方法。同时，为了帮助观测者获取更高质量的观测数据，我们也给出了使用这些方法时需要设置的参数。另外，我们还介绍了应该如何选择观测的时间和地点；给出了进行一次成功的观测需要用到的设备清单，这个清单可以帮助观测者更好地做好准备工作，避免在实际观测中把时间浪费在调试设备上。最后，我们还讨论了除了肉眼观测以外的观测方法，如使用望远镜、摄影和录像、射电观测以及火球观测。

在前面的章节中，我们已经研究了许多可供观测的流星来源和流星雨，现在是时候讨论如何观测它们了。与天文学中的其他观测活动不同，流星观测者不需要任何昂贵的设备。你的眼睛才是观测中最重要的设备！人类的视觉本身就是进行这种观测活动很好的工具，它有很宽的视场。即使观测者使用的是超广角相机，人眼依然独具优势，因为它的灵敏度比大部分相机都好，可以看到相机无法识别到的微弱流星。

当然，不可否认的是，眼睛也有缺点。最大的缺点是它很容易疲劳，此时就使得注意力无法集中在观测上。特别是考虑到大部分流星雨的极大都出现在午夜之后，那个时候大部分人都处于睡梦之中，注意力在那个时段更容易涣散。而相机就没有这个问题，但相机有可能会被其他光污染或者露水严重影响观测质量。

看流星雨往往是人们和天文学的第一次接触，对一个小孩来说，能有机会跟着父母去看流星雨无疑是一件很幸运的事情。也许父母还会向孩子介绍夜空中的其他星座，如明亮的北斗七星和猎户座。对于孩子和热爱流星雨的成年人来说，看流星雨就像每年过几次国庆节一样令人兴奋。唯一的区别是，这个节日里人们看到的是大自然的鬼斧神工，而不是人类的节日活动。然而从艺术性上来说，或许流星雨并不输给人类发明的节日活动，而是和它们一样丰富多彩。正是看流星雨的惊喜，将观测者吸引到这个领域中来。流星可能很亮，也可能很暗，但没有两颗流星是完全相同的。明亮的流星可以产生彩虹般的绚烂色彩。它们的轨迹可能非常短，以至于看起来就像一颗亮度忽增忽减的恒星，没有可察觉的运动。而有些流星则持续时间较长，其轨迹可以在天空中划出一条完整的弧线，持续几秒钟之久。

总之，观测流星雨是一次冒险，你永远都不可能预先知道自己将会看到什么。科学家们在预测流星雨的准确活动时间和流量方面做得越来越好，但这些预测还是无法代替你在星空下的观测。直到你来到星空下，否则你永远无法确定自己将会看到些什么。有一些方法可以增加你看到流星雨的概率，我们将在下面的内容中作介绍。

8.1 | 基础肉眼观测

　　使用肉眼观测是最简单、最直接的观测方法，你只需要带上你的眼睛。在观测之前，最好做重复的休息，因为在观测过程中需要长时间集中精力。观测时间至少应该达到 1 小时，这个时间段已经足够长，你可以看出流星雨流量的变化情况。在观测年度大型流星雨的时候，我们会注意到，有些活动是以爆发的形式出现的，也就是说，有些时候一颗流星都看不到，而有些时候集中出现很多。这是完全正常的，因为天空中的流星物质是完全随机分布的。如果你的观测不到 1 小时，那么你可能只会观测到一段时间内的静默或者突然爆发，而这些都会影响你的观测结果。

　　基本的流星观测方法之一是，记录你在观测过程中看到的流星数量。为了得到在科学上有用的结果，你必须提供一些观测的细节，以便和其他人对比观测结果。首先，你需要记录你观测的开始和结束时间以及之间的休息时间。记录休息时间是很重要的，因为这样其他人才能知道你用于观测的实际时长；不记录休息时间会使得你的观测结果发生偏差，使得基于你的观测数据而得到的流量偏小。当科学家们研究世界各地流星雨的流量时，这一点很重要。

　　除此之外，我们还建议你记录下你的观测条件。比如，你可以注意一下你的视野中是否有障碍物，如山丘或者树木。如果可能，应该尽量避开它们；当然，有时候这是做不到的。这时，应该注意一下你的观测视野中被（如一棵树）遮住的比例占了多少，10% 的遮蔽度还可以接受，但如果超过 20%，你就应该考虑换一个地点进行观测了。因为20%的遮蔽度会使得你错失很多流星雨，从而使得你的记录不那么可信。在分析数据时，需要对障碍物的遮蔽进行针对性修正，因此，如果可能的话，还是应该尽可能避开遮挡物。

有一种障碍物往往难以避免，也同样难以估计，那就是在观测过程中碰巧飘过你视野的云层。薄卷云通常不是什么大问题，厚云或其他不透明的云层才会遮蔽掉你的视线。薄云可以用极限星等校正法（limiting magnitude correction）来处理（将在后面讨论）。当遮蔽度不断变化时，要判断特定时刻的遮蔽度是非常困难的。同样，就像山丘和树木的情况一样，如果持续的遮蔽度超过20%，就应该休息一下或结束观测。通常情况下，你可以通过不断改变观测视野来避开云层。然而，如果这种事持续时间过长，也是会让人厌烦的。

最后一个必须包含在流星观测报告中的重要参数是你观测时的极限星等。这是由于，在对比不同人的观测结果时，需要使用这个参数进行修正，以便让不同观测条件下的观测结果具有相同的天空条件，可以相互对比。而且由于整个夜晚夜空的状况都会不断变化，因此，观测者最好每隔一个小时就记录一下这个参数。这听上去是有些太麻烦了，但其实这个参数很容易估计出来。你所要做的，就是记录一下在你的视野中能看到的最暗星星的星等。你可以用两种方法来完成这个任务。第一种方法是对照星图把最暗的星找出来。这种星图的常见例子可以参照图8.1。你首先查看星图，要在星图上找到一颗你在天空中容易辨认的星星，然后依据星图中的相对位置，依次找到其他的暗星，直到找不到更暗的星为止。最后你能找到的最暗的那颗星的星等就是极限星等。

这种方法的缺点是，它一般要耗费观测者很长的时间。因为

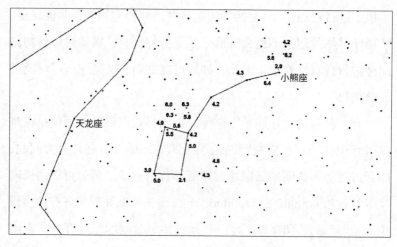

图 8.1 一张小北斗的极限星等图

你需要不断对照星图，而在夜晚观看流星雨的时候，这样做往往需要借助额外的照明设备，就显得尤其麻烦，而且会对观测构成干扰。如果你有一个能把红光过滤掉的手电筒，就能最大限度减小对观测的干扰。当然，如果你每次使用的星图都是相似的，熟练之后你大概就能记下各颗星之间的相对位置。这样就可以克服这个缺点了。这也是小北斗（即小熊座）经常被用来当作参考星的原因，因为它们几乎总会出现在北半球观测者的视野中。

此外，还有一种估计极限星等的方法，被称为恒星计数法（star count method）。这一方法通过统计给定天区内可见星星的数量来计算极限星等。这些区域通常呈小方块或者三角形。图 8.2 展示了两个恒星计数区域的例子。这种方法需要在观测前做一些预先的研究，以确定观测过程中哪个区域处于你今天要观测的天空中。无论观测者位于何处，通常都有两到三个可供选择的计数区域。当选定了某个区域后，你需要做的就是从角落里的星星开始数，然后用同一动作一直扫完整个区域。在这个过程中，不用花大力气看到那些最暗的恒星，只需要在放松的状态下数一下能看到的星星，记下它们的数量即可。但是，一定要注意统计这个区域内所有的恒星，那些位于角落的恒星很容易被漏掉，如果这样的话就会使得统计出来的恒星数量偏少。统计完一片区域后，就以同样的方法统计下一块区域。在每个小时的开始和结束，使用至少两个区域（最好是三个）来统计恒星数量，如果它们在你的视野之内或周围是可见的话。不过你可以等到所有观测都结束后再计算极限星等，而没有必要当场计算。

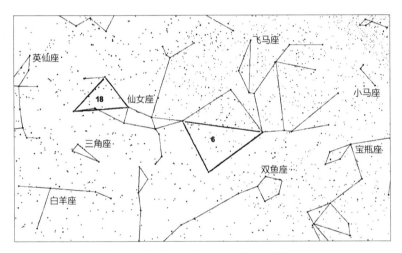

图 8.2　仙女座和飞马座的恒星计数

　　计算极限星等的过程中，观测者需要使用一些表格。它们可以在 http://www. imo.net/visual/major/observation/lm 中找到。[①]表格中的等效极限星等精确到小数点后两位。

　　在查到极限星等后，观测者不要把最后一位给四舍五入掉。

虽然我们不指望在肉眼的观测条件下能测到 1% 星等的精度，但是在计算 ZHR 时，极限星等 1% 的区别确实会使得结果有所差异。所以我们建议观测者使用精确到小数点后两位的极限星等，并且使用求两三个区域平均值的方法得到最后的极限星等。

就如同障碍物会对观测构成干扰一样，过亮的极限星等其实也会对观测构成不小的干扰。当你的极限星等大于 5.0 时，我们建议你停止观测，除非你正要观测的对象是一个流量特别大的流星雨。在这种恶劣的条件下，最后修正观测数据时，你的观测量会被修正得非常厉害，换句话说，你会漏掉很大一部分流星活动。

综上所述，一个基本的流星观测过程包括计算在特定时间和特定条件下看到的流星数量。对极限星等的估计需要一些训练才能掌握，但是在算过几次后，你就会熟能生巧了。

说实话，基本的流星计数对科学家来说价值是有限的。要想让你的观测对别人有价值，就必须把你看到的每一颗流星与对应的流星雨联系起来，或者把它标记为偶发流星，并估计它的亮度。在最初的几次观测中，不能获得有科学价值的数据是非常正常的。但我们鼓励观测者在熟练之后，能继续提高自己的观测技能，尝试提供更多有价值的数据，这样他们的观测就能对科学研究有所帮助。能把流星和特定流星雨关联起来的能力以及准确估计流星星等的能力，是成为一个成熟观测者的基础，这些成熟的观测者才能为科研提供有价值的数据。

8.2 | 中阶肉眼观测

经过几次观察之后，观测者就会明白，流星往往有着不同的长度、速度和亮度。你即使看过很多颗流星，估计都找不到两颗完全一样的。此外，大部分流星的轨迹都比较短，亮度都比较暗。如果在郊区观测的话尤其如此。观测者如何把不同流星区分开？培养找到流星辐射体的能力尤其重要，这个能力是一个成熟观测者所需的进阶能力。

为了观测的准确性，观测者最好具备分辨偶发流星和流星雨流星的能力。对属于同一流星雨的成员流星而言，虽然它们可能出现在天空中的任何区域，但如果把它们往回追溯，它们的来源应该是相同的，这个来源就是辐射体。这指的就是天空中所有该流星雨流星的共同起源位置所在天区。由于同一流星雨对应的流星物质围绕太阳的运动轨迹是相似的，它们与地球相遇时会以相平行的轨迹穿过大气层。位于辐射体正下方的观测者将看到流星从他们的头顶呈扇形散开，辐射体处于头顶正上方。其他位置的观测者则会看到流星出现在比较低的位置，具体位置取决于观测者的视线方向与平行流星轨迹的夹角。如果夹角是90度，就意味着辐射体会出现在地平线附近。

人们通常很难理解为什么流星雨的辐射体在天空中的位置会随时间改变。地球的自转会使太阳、月亮、行星和恒星每天都升起落下；和太阳、月亮等天体一样，流星雨的辐射体也会升起和落下，这是由于地球上的观测者看到的天空都是某一小块区域，是各种天体在视线方向的投影。另外，由于地球围绕太阳的运动，流星雨的辐射体每晚都会往东移动1度左右。正是由于辐射体相对于恒星所构成的背景在不断移动，因此，提前知道流星雨在天空中的位置是非常重要的。只有这样观测者才能找到流星的射出位置。

另外一个比较重要的地方是，观测者应该明白，很少流星会"严格"地出现在辐射体处，只有那些直接朝你飞来的流星才会出现在那个位置上。因此，你看不见它们的轨迹，它们看上去像是突然出现又消失的恒星，而不像流星。这些"点流星"大概每10,000颗里就有一颗。

只要流星雨的辐射体在地平线之上，观测者就有机会看到它们。由于流星距离我们的实际距离非常远，因此，那些辐射体位于地平线之下一点点的流星，其实也有机会被看见。在这种情况下，流星雨只掠过大气层的顶部，这就是被称为"掠地者"的流星。这些流星一般只出现在那些最剧烈的流星雨中。

流星雨的流量通常都很低，直到辐射体上升到地平线以上足够的高度。我们建议观测者等到辐射体上升到地平线以上至少30度后再开始观测。在这一高度上，观测者至少能看到50%的流星雨活动。当辐射体进一步升高后，能看到的比例会越来越高，直到升到地平线以上的最高点。

在观测时，我们建议观测者不要直接盯着辐射体看，而是要看周围30到60度的区域。在这个区域内的流星，它们通常都有很长的、容易被看到的尾焰。另外，在这个范围内，观测者可以同时看到流星和辐射体，这样即使辐射体位于观测者视野的边缘，观测者还是可以比较容易地把流星和某个辐射体联系起来。

在观测那些年度大型流星雨时，建议你至少每小时站起来一次，以帮助身体放松。此时，建议你调整你的椅子，然后继续观看天空的同一部分。如果此时出现了其他干扰源，如一棵树，那么你可以随时把椅子转动 45 度，从另外的角度观看辐射体。

同样重要的是，要在天空中大约一半的位置，即 45 度的高度上观看。这个高度是最佳的观测高度，因为视线不会被地平线附近的其他东西遮住，但是又不是特别高，观测者可以看到大部分的流星雨活动。有些观测者认为，最好把注意力放在天顶附近。这种想法其实是错误的。使用望远镜观测天顶也是不错的选择，因为正上方的空气往往是最稀薄的，有助于观测得清楚。但是如果你想在大气层更厚的地方观测，那么最好的选择是地平线附近的那片天空。前提是，地平线上没有其他遮挡物。最好是折中一下，在 45 度附近观测，即观测的视野底部刚好位于地平线以上的高度，最佳观测角度几乎都分布在从 –45 到 45 度的区域，这就是所谓的"45 度法则"。

流星雨在辐射体位置出现时，其持续时间最短，在距离辐射体 90 度时，持续时间最长。需要记住的是，辐射体附近不可能出现持续时间很长的流星，而短流星可能既会出现在辐射体附近，也可能出现在远离辐射体的地方。当距离辐射体超过 90 度时，流星的持续时间又会变短。图 8.3 给出了一个流星直接出现在英仙座流星雨辐射体之外的例子。这颗流星的尾焰非常长，因此，不可能属于英仙座，而很可能是偶发流星。一般来说，如果是某一个大型流星雨的成员，那么该流星距离流星雨辐射体的距离应该至少是流星长度的两倍。比如，一颗长度为 5 度的流星，它必须在辐射体不少于 10 度的地方开始才能被判定为该流星雨的成员流星。记住这一点，对于判断某个流星是不是属于特定的流星雨是很有帮助的。

如果只通过肉眼观测，其实很难准确地判定一个流星雨的辐

图 8.3　一颗偶发流星出现在英仙座流星雨辐射体附近。

射体，因此，有些观测者使用尺子或者绳子来追踪流星雨的轨迹。你也可以尝试用一根黑线或者是粗鞋带来完成这个任务。你可能会觉得白色的绳子在黑暗中更容易看到，但是，由于夜空实际上是灰色的，所以深色的绳子反而更容易被看到。一旦看到一颗流星，就尽可能准确地把这个绳子拉到它的路线上。然后反向延长这个路径，看看它是否经过辐射体 10 度之内的区域。如果是，那么这颗流星就很可能属于这个流星雨。跨越 20 度的区域看似是一个很大的范围，但对于平均持续时间不到 1 秒的流星观测而言，想要达到更高的精度其实是很困难的。但是由于肉眼观测天然地存在很大的误差，因此，其实这个范围是可以接受的。

　　当流星雨出现在辐射体附近时，它们的速度也会比那些出现在更远地方的流星更慢。这是因为，靠近辐射体的流星的运动是朝向观测者的。它们的持续时间几乎是相同的，但路径的长度更短，因此角速度会更小，可能每秒只有几度。流星在距离辐射体 90 度，以及高度是 90 度时，会出现最大的角速度。需要注意的是，入射比较慢的流星，速度低于 20 英里 / 秒，无论其与辐射体的距离如何，在天空中的速度都会很慢。以 15 英里 / 秒入射的流星的最大角速度是每秒 13 度，而这是非常少见的。因为只有在距离辐射体 90 度出现的流星的速度才会如此之慢。辐射体在地平线上时，大部分流星的速度会低于每秒 10 度，相对较慢。

另一个可能使观测者感到费解的事情是，以超过 20 英里 / 秒的速度进入大气层的流星有时看起来很快，有时又比较慢。这取决于其辐射体的距离和高度。一颗进入速度为 35 英里 / 秒的流星，其角速度可以从每秒 0 度到 28 度不等。不过，这些流星中的大多数会显得很迅速，角速度超过每秒 10 度。

判断一个流星属于哪个流星雨听起来是一项艰巨的任务，但是随着经验的积累，它可以成为观测者的第二天性，只需要一两秒钟就能判断。如果你在一个大型流星雨期间观察天空的同一个区域，那么该流星雨的流星都会来自同一个方向，并且有相似的速度。一个有不同路径和速度的偶发流星应该很容易被发现。

除了每个流星属于哪个流星雨的信息之外，第二个有价值的数据是每颗流星的亮度。这为我们提供了关于流星雨的另外一个指数，即流星雨中各个不同星等的占比。这个指标在计算 ZHR 的时候是非常有用的。

估测流星的星等似乎很简单，但即使是很有经验的观测者，相比于流星协会的专业人员，也要花多得多的时间才能把星等定下来。观测者需要把位于其视野内的所有星的星等找出来。最简单的方法是直接使用星图中给出的所有从 1.0 到 5.0 的星等。观测者需要记住它们对应的恒星的位置，对比它们的亮度与流星的亮度，从而确定流星的星等。有些有经验的观测者的估计能精确到半个星等，但我们建议观测者使用整数星等。之所以这样，是因为如果要求观测者精确到半个星等，由于人们对整数的偏爱，人们总是会倾向于记录下更多的整数星等。为了避免这种偏见，我们建议把所有的星等都用整数记录。判断星等其实是挺有挑战性的一件事情，因为观测者通常只有不到半秒的时间来判断。另外，有些流星会出现耀斑或者爆发。出现这种情况的话，观测者需要以最亮的那个部分为基础估计星等（图8.4）。

图 8.4　一颗流星出现了终端爆发现象。

暗的流星比亮的流星多得多。每个星等对应的流星数量之间的比例通常是 2.5 到 3。这被称为"r"值。这意味着 3.0 等的流星比 2.0 等的流星多 2.5 到 3 倍，同样，4.0 等也比 3.0 等多这么多，2.0 等也比 1.0 等多这么多，以此类推。遗憾的是，由于眼睛很难看清楚较暗的流星，因此，在观测者记录下的不同星等的流星流量数据中，3.0 到 4.0 的流星通常是最多的。不过也不一定，这取决于观测条件。如果观测时流星的平均亮度较高，那么流量的极大出现在 2.0 到 3.0 之间是可以接受的。

对人眼来说，要看到 5.0 等和 6.0 等的流星是非常困难的。当流星产生在视野正中心附近时，看到它们的可能性会大一些。

在未受污染的天空下观测，极限星等为 7.0 的观测者，将有机会观测到这些暗弱的流星。因此，对于那些声称自己看到了很多接近极限星等的流星的人，我们通常会抱有更多的怀疑。因为在如此暗的情况下人眼很难探测到流星的运动。根据我个人的观测经验，我记录下来的最暗的流星通常会比当时的极限星等亮 1 个星等，它们只占整个晚上观测总数的一小部分。

在结束关于流星星等的讨论之前，我们必须再讨论一下最亮的那些流星。因为少数情况下甚至会出现比恒星或者行星更亮的流星。这些流星被称为火流星。它们通常出现在几个年度大型流星雨中。由于缺乏合适的参照物，观测者通常很难准确估测它们的亮度。最暗的火流星大概可以达到金星最亮时的亮度，也就是 –5.0 等，而最亮的铱星闪光可以达到 –8.0 等的亮度。作为参考，月球的亮度大概在 –5.0 等（新月时）到 –9.0 等（弦月）再到 –13.0 等（满月）之间。

月球是展源，因此，很难与流星对比。不过观测者可以利用地面上月光的亮度来估测火流星的亮度。当然，我们希望观测者不要因为注意这一点而一直盯着地面，以至于错过火流星。我们想说的是，火流星出现的时候通常会照亮视野中的物体，此时如果你了解不同时期月球的亮度，将会有助于估计火流星的亮度。如果你看到的火流星亮度超过了满月亮度，那么或许你应该用太阳的亮度作为参考来加以判断，它的亮度是 –27.0 等。让天空变蓝的火流星的亮度在 –20.0 等左右。在观测时，要记住，就像所有的星等估计一样，观测者（尤其是新手）通常会高估流星的亮度。

如果你能很好地掌握我们前面讲到的这些基础的、中阶的方法和数据，你将能提供很多有科学价值的观测数据。也许 90% 的观测者都属于这个范围，不过甚至还有做得更好的，他们能提供不易获得但对分析流星活动非常有帮助的观测数据。

8.3 高阶肉眼观测

在观测流星雨时，还有一些有价值的参数是前面没有提到的，不过它们并不是绝对必须的。这包括流星的颜色、长度、持续时长、角速度、辐射距离、高度以及到你视野中心的距离。这些信息都有益于流星研究，因此，越多越好。当然，在流量大的时候很难将每颗流星的所有参数全都记录下来，但是当流量比较小的时候观测者可以尝试着尽可能地多记录一些。

流星的颜色听上去是每个观测者都能提供的，但它却不属于必备的参数之一。这是由于人们对颜色的判断往往具有较大的差异性。即使是有经验的观测者，在目睹同一颗流星时，其所记录的颜色也有可能不同。当然，记录颜色本身是很有意思的。因为你可以体会到流星颜色的丰富性和你对颜色的判断是如何发生的。比如，你在什么情况下会判断一个流星的颜色是蓝色，什么情况下是绿色，这两个的差距有多大。除了白色之外，大部分观测者报告的颜色是黄色、橙色和蓝色。快速的流星往往是蓝色、绿色或者黄色的，而较慢的则是橙色或者黄色的。对于高速流星，它们的颜色实际上来自高层大气对流星的燃烧过程。慢速流星的颜色则是流星本身的颜色，红色的表示存在硅元素，橙色表示钠元素，黄色表示铁，绿色的是镍，蓝色的是镁，而紫色的是钙。

流星的长度也是一个很有意思的参数，在估算流星的角速度时非常有用。大部分观测者会高估流星的长度。大部分的流星的长度接近 5 度，听上去挺短的，但这是北斗七星中"指针"（The Pointer）的长度。对于南半球的观测者来说，这大概是半人马座

α 和 β 这两颗亮星之间的长度。此外，一般小于 2 度的流星被定义为短流星，超过 10 度的流星则是长流星。

正如流星的长度一样，流星的持续时间也是很难记录的。而且观测者也同样会倾向于高估它们。平均来说，流星的持续时间只有 0.4 秒。而要求观测者精确到 0.1 秒的量级是非常困难的。依据肉眼看到的流星外观的变化，观测者们可以把这个精度限制在 0.2 秒。一般来说，在 0.4 秒时，观测者们可以看到流星的头部。流星的头部在 0.4 秒时变得可见，但仍然很难看到。在 0.6 秒时，头部变得很明显。在 0.8 秒时，观测者们将可以看到流星的轨迹。火流星的持续时间可以长达数秒钟，但超过 5 秒的火流星也很罕见。如果观测者记录到这样的火流星，应该多留个心眼，看看是不是哪个环节出了问题。比如，那些掉入大气层的火箭或者卫星也可以产生与火流星类似的效果，需要注意辨别。

对流星角速度的估算同样也是一个确定流星归属的有用工具。辐射体的距离和高度会影响流星的角速度（一般用每秒多少度来表示）。如果你看到某个流星的角速度不在给定流星雨的角速度范围内，则说明该流星很可能并不属于那个对应的流星雨。国际流星组织建议估测流星角速度的方法是：依据某个流星的速度和持续时间，在心里把这个时间延续到 1 秒，这样就能估算出每秒的移动度数。因此，这里面最重要的环节在于，观测者要能准确地估算出持续 1 秒之后该流星的长度是多少。另外一个选择是，观测者可以用看到的流星长度除以流星的观测时间来得到流星的角速度。但国际流星组织并不建议使用这个方法来计算角速度。

记录每个流星雨的辐射距离是另一个有趣的项目。由于辐射体是一个区域而不是天空中的一个点，所以不需要准确的估计，估计精度在 10 度左右就足够了。随着流星雨辐射体位置的变化，流星的平均长度也有所改变。如果你同时统计了一颗流星的高度和辐射距离，那么你可以通过上面说的方法计算出角速度。

流星的高度也应以 10 度为单位进行记录。高度不仅可以帮助确定角速度，而且还可以帮助得到每颗流星的绝对星等。绝对星等是指每颗流星本身的亮度（不考虑大气层的影响的情况下）。在 45 度以上的高度，流星的视星等往往可以直接等同于绝对星等；但在 45 度以下，由于此处的大气层更厚，流星的亮度往往会被减弱。当高度仅有 10 度时，这种衰减甚至可以达到 5 个星等之多。也就是说，一颗绝对星等为 –5.0 等的明亮火流星看上去只有 0 等。对于长流星，其高度应以路径的中点所处的高度为准。最后，在海拔较高的地方，空气比较稀薄，在这里记录到的星等往往比地面上要偏小很多。因此，我们建议观测者在流星观测报告中记录下观测时的海拔高度。

除了上述这些参数，美国流星协会还建议大家尝试记录每颗流星距离视野中心的距离（distance from the center of your vision, DCV）。从理论上说，随着亮度的增加，DCV 也应该增加。有一项研究证实了这个理论：大约 99% 的六等流星的 DCV 都在 10 度之内。这有助于你理解为什么只有不到 1% 的六等流星能被观测到。因为它们太暗了，只有当它们的流星位于你视野的中心时，才有可能被看见。因此，大部分六等流星都不可能被看到，尤其是那些高速流星。

在星等的亮面，超过 90% 的视星等为负数的流星出现在视野中心的 10 度之外。也就是说，这些明亮的流星中很大一部分出现在观测者视野的边缘，并没有得到很好地记录。如果你选择在你的观测报告中加入 DCV，我们建议你精确到 10 度。另外，

DCV 的高低同时可以作为衡量观测数据可信度的一个指标。由于 DCV 越小表示观测时看得越清楚，因此，这时的数据比在视野边缘看到的数据更可信。

　　最后一个可以记录的指标是，观测者所看到的流星是否出现了持续性的尾焰。这是指流星本身熄灭后，在流星的轨迹上是否遗留了类似烟雾的条纹。这种现象通常只出现在高速流星中。出现这些尾焰的原因并不明确，可能是流星产生的化学物质，也可能是该物质与大气层相互作用的结果，或者是两者的混合。如果观测者确实看到了它，那么应该留意它的持续时间并以秒为单位记录下来。通常来说，它的持续时间只有 0.5 秒。极其明亮的流星可以产生持续数分钟的尾焰。但是，不要把流星本身的轨迹和这些尾焰混淆了。尾焰会伴随着流星出现，但如果流星已经完全被燃烧掉，它们也会消失。

8.4 绘制流星图

一些较专业的流星观测者希望将他们看到的流星轨迹记录在星图上。这为观测增加了另一个维度：他们不仅有原始数据，还有他们看到的流星的图示。当记录的流星多了以后，哪些流星是从同一个地方辐射出来的就变得一目了然。

绘制流星图是一门艺术，需要花一段时间来掌握。最初的几百个流星图作品很可能是不太准确的。大部分人需要绘制 1000 张以上之后才能熟练掌握这个技能。为了保持技能，不断绘图也是必不可少的。由于绘图比记录数据需要更多的时间，当流星的流量比较小时，反而比较有利于绘图。不要在流星每小时超过 20 颗时绘图，因为这时绘图将会占用你很多观测流星的时间。另外，由于每年的大型流星雨都已经被研究得比较透彻了，因此，也没有必要对它们进行绘图。

为了准确地绘制流星图，你需要准备好 gnomic 星图。有了它们，你就可以把流星的轨迹用线段表示了。如果你使用其他的工具，需要用曲线而不是直线来绘制轨迹，这样就使得问题更复杂了。这些星图价格低廉，可以从国际流星组织那里获得。参见本书第十章，那里有国际流星组织的详细联系方式。

除此之外，观测者还需要准备一个大的工作板和一把透明的尺子。透明的尺子可以帮助你更准确地绘制轨迹。为此一个小的红光手电也是必备的。一手拿尺子，一手画图。你需要想想，如何让手电照亮工作板。有些观测者会直接把手电固定在工作板上面，有些人则选择把手电固定在帽子上，但大部分人会选择把它挂在脖子上，需要使用的时候就叼在嘴里。这样可能不太卫生，但确实是一个很简便的方案，同时也避免了找不到或者遗失手电筒的情况。

另外一个绘图必备的物品是之前提到过的黑线。在看到流星后，观测者需要立即把绳子对准流星轨迹所在的直线，并把它拉长，直到在两端遇到一颗明亮的且易于识别的星星。之后，去工作台的星图上，将尺子与这些星星对齐。一旦它们排成一行，就画出流星的路径。注意不要高估轨迹的长度，这是一个很常见的错误。另外，还要确保在图上记录你对流星的编号或者观测到的时间。这是为了方便后续与其他数据作交叉或联合分析。

8.5 使用卡带式录音机

　　如果你曾经有过几次实际观测经验，那么就会发现，实际观测中有不少时间是花费在记录数据上，这会减少用于观测的时间，从而影响你的观测。对有经验的观测者来说，如果只是记录数据，每颗流星大概要花 15 秒的时间。如果要绘图的话，大概要再多花 15 秒的时间。当然，对不太熟练的观测者来说这个时间会更长。因此，如果观测者每颗流星平均花费 30 秒，每小时能看到 10 颗流星的话，对有经验的观测者而言，花在记录数据和画图上的时间大概是 300 秒，也就是 5 分钟。此时，在你的观测报告中，你应该把你的有效观测时间（TeFF）记录为 55 分钟，或者 0.92 小时。如果你选择了绘图，那么这部分时间是必要的。但是如果只是记录数据的话，你可以考虑使用卡带式录音机，将数据记录在磁带上。我们建议你使用一个带有录音功能的录音机，当你需要记录数据的时候就开始录音，不记录时就停止。这是为了后续整理数据时能更节约时间，并且提高每盒磁带的利用率。另外，由于野外观测时的气温可能是比较低的，因此，要注意对这些设备的防冻处理。大部分的录音机在低温环境下很容易出故障。也有观测者尝试使用一些带语音功能的设备，但这些设备要么启动得太晚，要么过早停止并将切断一部分数据的记录。

　　在录音时，尽量按照你观测表格上各项指标的相同顺序记录数据，以防止在后续听录音时花费额外的精力，在各个关键字之间跳来跳去。另外一个建议是，在说完了数据后停一两秒钟再停止录音，这样是为了在后续听录音时有充分的时间书写。如果在记录数据时很匆忙，你的数据记录可能会变得难以辨认。

最后需要提醒的一点是，观测者要不断地检查设备是否处于正常的工作状态，可以尝试倒带、重放之前的录音来验证这一点。你可以选择在每次记录极限星等的时候检查设备，这样可以保证每小时都能检查一次。记录一些重要的数据时你可以把录音机放到耳朵边上，听一下它是否在正常运转。

8.6 观测表格

有许多可供选择的观测表格，观测者可以在观测之前准备好，在观测时带在身上，或者在观测结束之后填写。这些表格提供的记录关键字是不一样的，观测者可以依据自己的偏好来选择。随着私人电脑、电子表格的普及，创建、修改表格变得非常简单。只要你的表格中包含必要的基本信息，那么流星研究机构就会接受你的数据。

表格应按逻辑顺序来排列，如时间、星等、类型等。除此之外，观测者可以依据自己的喜好决定要记录哪些数据。如果你选择把信息用录音机录下来，以便在会话结束后回放，那么事先准备好表格就显得格外重要了。如果你要按照磁带上列出的相同顺序在表格里记录数据，那么记录数据会更容易。

除了列出与流星相关的信息，表格中还应该包括观测者的姓名、观测地点和观测时间段等与观测者有关的信息，单独列出极限星等和区域也是很有帮助的。如果可能的话，最好也记录一下观测开始和结束时的温度、湿度（可以是一个百分比数字，或者大气透明度）。此外也可以加一些注释线，注明月出和月落的时间以及在观察期间发生的其他值得记录的东西。更多详细情况，可以参见图 8.5—图 8.8 给出的作为示例的观测表格。

日期：_____（年）_____（月）_____（日）开始于 ____ 时 ____ 分
结束于 _____ 时 _____ 分（   ）
地点：经度 _____ 纬度 _____ 海拔 _____

观测者 _____ 地点 _____

极限星等 _____ @ _____ : _____
_____ @ _____ : _____ @ _____ : _____ @ _____ : _____
_____ @ _____ : _____ @ _____ : _____
_____ @ _____ : _____ @ _____ : _____ @ _____ : _____

云的比例：_____ % @ _____ : _____ _____ % @ _____ : _____
_____ % @ _____ : _____ _____ % @ _____ : _____

观测方向以及高度：_____ @ _____ : _____
_____ @ _____ : _____ @ _____ : _____

观测中断的时间：_____

备注：_____

序号	出现时间	星等	颜色	类型①	速度	持续时间	准确程度②	备注

图 8.5 一个"流星信息记录表（基础）"的例子

① 指流星从属的流星雨类型。如果是偶发流星，留空即可。——译者注
② 表示自己对这个数据可靠性的判断，可以分为三档：不太可靠（P）、尚可
（F）、可靠（G）。——译者注

日期：_____（年）_____（月）_____（日）开始于 _____ 时 _____ 分
结束于 _____ 时 _____ 分（　　）
地点：经度 _____ 纬度 _____ 海拔 _____

观测者 _____ 地点 _____

极限星等 _____ @ _____ : _____
_____ @ _____ : _____ @_____ : _____ @ _____ : _____
_____ @ _____ : _____ @_____ : _____
_____ @ _____ : _____ @_____ : _____ @ _____ : _____

云的比例：_____ % @ _____ : _____ _____ % @ _____ : _____
_____ % @ _____ : _____ _____ % @ _____ : _____

观测方向以及高度：_____ @ _____ : _____
_____ @ _____ : _____ _____ @ _____ : _____

观测中断的时间：_____

备注：_____

出现时间	星等	类型	尾迹持续时间	尾迹长度	速度	距离视觉中心的距离[①]	距离辐射体的角度	高度	是否在星图中绘制	备注

图 8.6　一个"流星信息记录表（进阶）"的例子

---

① 通常精确到 10 度。——译者注

日期：<u>08</u>（年）<u>12</u>（月）<u>14</u>（日）
开始于 <u>10</u> 时 <u>0</u> 分，结束于 <u>12</u> 时 <u>0</u> 分（太平洋标准时间）
地点：经度 <u>西经 117 度 42 分 31 秒</u> 纬度 <u>北纬 37 度 3 分 55 秒</u> 海拔 <u>100 米</u>

观测者 <u>流星爱好者</u> 地点 <u>美国加利福尼亚州科尔兹维尔</u>

极限星等：5.0@10:00　　5.1@11:00
5.2@12:00 ＿＿＿＿ @ ＿＿＿ : ＿＿＿
＿＿ @ ＿＿ : ＿＿ ＿＿ @ ＿＿ : ＿＿
＿＿ @ ＿＿ : ＿＿ ＿＿ @ ＿＿ : ＿＿ ＿＿ @ ＿＿ : ＿＿

云的比例：0% @ 10:00 0% @ 11:00 10% @12:00
＿＿＿ %@ ＿＿＿ : ＿＿＿

观测方向以及高度：北纬 45 度 @10:00　　北纬 45 度 @12：00
＿＿＿ @ ＿＿＿ : ＿＿＿

观测中断的时间：＿＿＿＿＿＿＿＿＿＿＿＿＿＿＿＿＿＿＿＿

备注：当晚满月（月亮在辐射体附近），速度记为慢速（S），中速（M），高速（F），准确度记为不太可靠（P）、尚可（F）、可靠（G）。

序号	出现时间	星等	颜色	类型	速度	持续时间	准确程度	备注
1	100	2.0		双子座	M		G	
2	100	4.0		双子座	M		G	
3	101	3.0		双子座	M		G	
4	101	4.0		双子座	M		G	
5	102	3.0			S		F	
6	102	2.0		双子座	M		G	
7	103	1.0		双子座	M		P	
8	103	0.0			S		G	在空中解体
9	103	3.0			F	1.0	G	
	104			双子座	M		G	
	104	2.0		双子座	M		F	
	105	4.0		双子座	M		G	
	105	3.0			M		F	
	105	1.0		双子座	M		F	
	105	0.0	黄色	双子座	M		G	
	110	3.0			S		G	
	111		黄色	双子座	M		G	在双子座内
	111	2.0		双子座	M		F	
	112	3.0		双子座	M		F	
	113	1.0		双子座	M		P	

图 8.7　一个已填好的"流星信息记录表（基础）"的例子

日期：<u>08</u>（年）<u>2</u>（月）<u>14</u>（日）
开始于 <u>10</u> 时 <u>0</u> 分，结束于 <u>13</u> 时 <u>0</u> 分（国际标准时间）
地点：经度 <u>西经 117 度 42 分 31 秒</u> 纬度 <u>北纬 37 度 3 分 55 秒</u> 海拔 <u>100</u> 米

观测者 <u>流星爱好者</u> 地点 <u>美国加利福尼亚州科尔兹维尔</u>

极限星等：6.0@10:00　　6.1@11:00
6.2@12:00　　6.1@13:00
_____ @ _____ : _____　　_____ @ _____ : _____
_____ @ _____ : _____　　_____ @ _____ : _____　　_____ @ _____ : __

云的比例：0% @ 10:00　0% @ 11:00　10% @12:00
10% @13:00

观测方向以及高度：南纬 45 度 @10:00　南纬 45 度 @13：00
_____ @ _____ : _____

观测中断的时间：_____

备注：温度 34 摄氏度，湿度 55%（开始时）；温度 30 摄氏度，湿度 65%
（结束时）。

出现时间	星等	类型	尾迹持续时间	尾迹长度	速度	距离视觉中心的距离	距离辐射体的角度	高度	是否在星图中绘制	备注
1011	3.0		.4	2	5					
1019	5.0	反日点流星	.6	3	5		60			
1027	4.0		.6	4	7	0				
1033	3.0		.8	5	6					
1038	4.0		1.0	5	5					
1043	3.0	反日点流星	.6	4	7		40			
1048	2.0		.6	5	8					
1059	1.0		1.0	3	3					
1111	2.0		.4	6						1秒
1118		反日点流星	.6	5	8		60			
1125	3.0		.8	6	5					
1133	5.0		.6	5	8	0				
1150	4.0		.6	5	8					
1200	2.0		.4	3	8					
1213	1.0		.6	4	7					
1219	4.0		1.0	7	7					
1229			.6	5	3					
1235	1.0		.4	2	5					
1245	4.0		.6	5	5	10				
1255	2.0		.6	4	5	20				

图 8.8　一个已填好的"流星信息记录表（进阶）"的例子

8.7 观测时间选择

在清晨时分能看到的流星（包括流星雨和偶发流星）要比夜间多得多。因此，除非你要观测的流星辐射体是在夜里升起的，否则我们建议你把观察时间安排在凌晨。你如果只有一个小时的时间用于观测，那么就安排在黎明前一小时，那是最黑的时候。无论观测时间长短，停止观测的时间应该是在航海曙光开始时。在天文曙光开始时（太阳位于地平线下18度时）天空仍然足够黑暗，可以继续观测，特别是当观测区域正好是西半边天空时。

在航海曙光开始时，虽然天空看起来依然很暗，但是此时的极限星等会快速下降，这非常影响观测质量。月亮的光污染同样会对观测数据质量造成很大影响，明亮的月光会令观测效果大打折扣。即使是在满月时，极大时的英仙座流星雨和双子座流星雨仍然可能给观测者留下深刻印象。这是所有其他流星雨都做不到的。月光污染是否严重，完全取决于月亮的相位及其在天空中的位置。对观测来说，最理想的月亮周期是当月亮从一个细长的新月过渡到凸月的时期，这段时期对应的是某一月相周期中25—30天以及0—10天的时间段。在月相周期的第10到25天之间，月亮要么太亮，要么夜晚大部分时间都在天空中。如果观测条件好，那么当月亮接近它的最后1/4或3/4相位时，就可以成功地进行流星观测。在这些时间段内，尽管月亮在整个早晨都很明亮，但已经比满月时要弱得多。在本书的附录中，我们提供了一个表格，记录了2040年前年度大型流星雨活跃时的月相。

8.8 观测地点选择

适合观测的地方，天空一定要足够黑，没有树木或者建筑物的遮挡。我们建议观测的极限星等至少要达到 5.0 等。如果看不到 5.0 等的恒星，那么我们建议你换一个更暗的地方观测。遗憾的是，城市中的大部分地方都满足不了这个条件，灯光遮蔽了较暗的星星。不过你需要注意，由于你的眼睛需要一定的时间来适应黑暗，所以如果你在刚到观测点时无法看到那些较暗的恒星，请等待 30 分钟让眼睛适应一下黑暗。一般来说，农村地区的观测条件会好很多，相比城市来说，你能看到多得多的流星。遗憾的是，这些地区通常没有很好的基础设施，在恶劣的条件下尝试观测只是浪费时间。我们都很羡慕那些在自家后院就能看到流星的人。

如果要被迫在乡村地区寻找更暗的夜空，我们强烈建议你与他人结伴前往。你的同伴可以在观测和开车时帮助你保持警惕。也不要随便把车停在一个地方然后就开始观测。我们建议你找一下当地的天文社团，他们通常会提供比较好的观测设施。在大型流星雨的活动期间，会有不少人前往野外观测。你可以和其他观测者分享你的热情，也许还能结识一些志同道合的朋友。

如果你选择和其他人一起观测，那么请注意，你们每个人都应该保留好自己的观测数据。因为世界各地的流星研究机构都是基于单个观测者提供的数据而开展研究的，不同人的数据绝对不能合并提交。另外，在记录数据的时候，每位观察者应该做到独立判断，不要受别人干扰。当然这并不意味着你们不能相互交流，只是说在交流之前每个人应该先记录下自己的数据，并且不因为别人的观点而改变数据。例如，出现一颗明亮的火流星时，不要先喊："哇，那一定是 –15.0 等的。"而是应该先记录下自己的估计，然后再和别人讨论。不要在讨论之后改变你的数据，不管你觉得它有多大的偏差。也就是说，即使是在一个观测团队里，你记录的观测数据也应该和你独自观测时一样。这一点怎么强调都不为过。

8.9 观测设备

观测流星雨时，观测者并不一定要准备很多设备，但是有一些设备会使得你的观测更加舒适。比如，买一个好的躺椅是一个很值得的投资。那些便宜的可折叠椅比较方便携带，但质量不太好，用过几次之后很可能就会变形或者开裂，或者没法调整倾角，以至于你需要找额外的东西来做支撑。那些耐用的塑料休闲椅是一个不错的选择，如果你喜欢个性化一点的，也有一些比较好看的椅子供你选择。同时，你还可以带一个枕头以帮助你保持头部舒适。

观测老手们通常会有自己喜欢的、持续查看时间的方法，这样就不需要每次看到流星时都抬手看表了。据我所知，有声钟正在变得越来越受欢迎，只要按一下，就可以报时。你可以在视觉障碍者商店和一些电子商品商店找到它们。另外一种方法是使用短波接收器，用它们来接收官方发布的标准时间信号。它们所在的频率是 2.5 兆赫、5.0 兆赫、10.0 兆赫、15.0 兆赫以及 20.0 兆赫。[①] 对于第一次使用的人，他们可能会觉得这些信号有些过于频繁了。如果你在家庭后院里观测，这种方法可能会打扰到邻居。但在野外观测时，这些信号和持续的信息反而是一种陪伴，特别是当只有你一个人观测的时候。

在观测时，即使是在夏季，夜晚可能也会很冷，特别是观测时需要长时间保持不动。因此，我们建议观测者带一些保暖用

---

① 请注意这是美国的频率，在中国并不适用。——译者注

品，如毛毯。不那么冷的时候也可以用来垫背。观测者也可以带一个轻薄的睡袋，这样你就可以躺着观测了。在寒冷的月份，观测者就需要带更为保暖的睡袋了。实际上，大部分流星雨都发生在较冷的月份。此外，你也可以考虑戴上保暖的帽子或者毛织绒帽，这也是一项不错的选择，因为很多热量是从头部散发出来的。为了保暖，我们也建议你穿上保暖内衣。在加拿大，一些聪明的观测者制造了"棺材"，它们的御寒能力更好。其中的一些"棺材"甚至配有加热装置，能使你在观测时完全感觉不到痛苦。

此外，在出门观测之前，记得带好观测时可能会用到的一些物品，包括铅笔、记录表格和星图。最好再准备一个红色手电筒，还有供手电筒和录音机使用的备用电池。如果去野外观测，还需要带上充足的水和食物。当然，还要带上手机，以便保持和家人、朋友的联系。要提前了解你要去观测的地方是否有手机信号覆盖。

8.10 使用望远镜观测

这一节的标题可能会使你误解我们的意思，实际上，很少有观测者使用天文望远镜来观测流星，因为望远镜的视场太小了，看到很多流星的可能性很小。在观测时，我们使用的设备更多的是双筒望远镜，它的视场更大，而且能帮助观测者看到更为暗弱的、眼睛看不到的流星。使用得最多的两种双筒望远镜是 8×50 和 10×60 的，第一个数字表示望远镜的放大率，第二个数字表示物镜的直径，单位是毫米，视场角应在 45 度到 70 度之间。[①]使用双筒望远镜时，观测者最暗可以看到 8.0 等的流星，这使得观测者在黎明之前每小时平均能看到 6 到 8 颗的流星。

一般来说，使用望远镜的观测者会依据他们看到的流星轨迹来绘图，这些图的蓝本可以通过国际流星组织免费获取，网址是 http://www.imo.net/files/data/telescopic_charts/。由于视野较小，使用望远镜能大大提高绘图的准确度，比目视观察绘制的要准确得多。

每年的大型流星雨中，使用望远镜往往不会增加能看到的流星数量，这是由于在年度流星雨中大部分流星都是比较亮的，暗弱的流星比较少。只有在一个流星雨中，使用望远镜观测能提高观测的效率，这就是 7 月中旬的天琴座 α 流星雨。使用望远镜观测，观测效率将提高 3 倍。除此之外，肯定还存在大量未被发现的类似流星雨，这是由于使用望远镜观测的人的数量还是太少。

---

① Currie, Malcolm (1997) *Equipment for Telescopic Observations*. http://www.imo. net/ tele/equipment. Accessed 29 November 07.

使用望远镜观测时最大的挑战是，长时间举着望远镜会非常累。使用普通的双筒望远镜三脚架时，你必须坐着看，然后保持抬头的姿势，只要一会儿就会感到疲倦。小而轻便的望远镜是可以手持的，但是不能提供很大的放大率。这些小望远镜的质量往往也不如大型望远镜。在实际观测中，侧面支架是一个很好的选择，它从侧面固定住双筒望远镜，因此，你在使用的时候可以舒服地躺在椅子上，然后把眼睛凑上去就行了。这基本是一种不用抬手的操作，可使观测者很放松地看到流星活动，而且也可以时刻保持温暖。这些支架非常昂贵，在没有流星活动的夜晚，观测者也可以用来架设相机进行自由的深空摄影。

使用望远镜观测是一个比较小众的范围，因此，很多业余爱好者都能提供有价值的信息，国际流星组织有一个专门讨论望远镜观测的小组，关于它的详细情况可以在以下网址查到：http://www.imo.net/tele。此外，可以通过 tele@imo.net 与该部门的负责人联系。

8.11 摄影观测

很多观测者都希望能用照片捕捉到一些流星活动，为了达到这个目的，你需要一台能在 5 到 15 分钟内自动曝光的相机，这取决于你的观测条件和你自己的设置。我们中的大部分人，包括我自己，仍然使用老式机械单反相机来完成拍摄。设置很简单，除了相机，只需要一个三脚架和放线器，放线器的左右主要是可以任意设置曝光的视场。准备好了之后，只需把相机对准天空，调好焦距，等待流星划过。流星会以条纹的形式出现，通过视场中拍到的其他恒星，可以准确定位流星的位置。这种方式得到的位置数据的精度比绘图要高得多，可以用于科学研究。

有一些策略可以增加你捕捉到流星的概率。首先是要确保有足够多的明亮流星，因此，我们建议你选择那些年度大型流星雨。双子座流星雨是最好的，其次是英仙座流星雨和猎户座流星雨。双子座的流星特别上镜，因为它们的速度较慢，它们穿越视野的时间更长，相机能捕捉到更多的光。

你也可以使用特殊的镜头和快速胶片来提高拍摄的质量，标准的 50 毫米 f1.8 镜头就是一个不错的选择。它有一个比较合适的视场，而且速度相当快。24 毫米或 28 毫米的广角镜头也是不错的，它们的视场更大，但在 f2.8 时，其曝光速度比标准镜头要慢。使用更快的胶片在一定程度上可以弥补这一不足。胶片感光速度至少应是 ISO 400，而 ISO 3200 的胶片会是更好的选择，因为其速度更快。

无论观测条件如何，观测者至少需要设置 5 分钟的曝光时间。

如果曝光时间更短，消耗的胶片就会太多了，而且你需要花更多的时间在相机上。如果观测条件差，光污染严重或者有明亮的月亮或者雾霾，在这些情况下，更应该设置至少 5 分钟的曝光时间。而且一定要使用 ISO 400 的胶片以保证照片中不会有烟雾的痕迹。在这个曝光时间下，星轨也不会太长以至于影响到辨认星座。

如果条件允许，你可以使用 ISO 400—ISO 1600 的胶片并将曝光时间延长到 10 分钟。在这个速度下，每小时只需要曝光 6 次。最后，如果观测条件比较好，你可以尝试将曝光时间延长到 15 分钟，并使用 ISO 3200 的胶片。通过尝试组合一些曝光时间与胶片速度，可找到最适合观测的设置。

虽然流星的颜色是多样的，但我们并不建议使用彩色胶片。因为它比黑白胶片贵，而且除了提供额外的色彩之外没有别的优势，尤其是在使用快速胶卷和长时间曝光的情况下，而且往往会使得天空呈现不自然的棕色或者绿色。

除此之外，你还需要把相机对准流星最多的地方，也就是高度从 0 到 45 度的区域，所以你要尽可能把相机的瞄准点放低，但要保证能避开地平线和雾霾。大多数观测者，除非是在沙漠或山顶上拍摄，都会把观测区域选在这个范围。另外，要避免把相机直接对准辐射体，因为出现在辐射体附近的流星持续时间通常很短，不适合拍摄。距离辐射体 45 度到 90 度的区域会有更长的流星，在胶片上更容易被看到。

在拍摄过程中，你需要记住相机对准的区域。如果看到有明亮的流星划过这个区域，就要马上结束曝光，并对准另外一个区域。这将使得画面的效果更好，因为可以避免过曝并缩短星轨的长度。你也可以通过把相机安装在一个跟踪装置上来完全避免星轨，该装置可以跟踪星星在天空中的轨迹。在使用之前要校正好跟踪器，使它对准南天极或北天极，这样它才能正常发挥作用。另外一些观测者也会使用望远镜支架来实现类似的功能。

拍摄流星的成功率有多少呢？在每年的大型流星雨期间，每小时也平均只能拍到一颗流星。一颗明亮的流星正好穿过相机视野的概率是很小的。流星的亮度至少要达到 1.0 等，才能在胶片上显示出来。而在这个亮度下，它们看上去只能是微弱的条纹。遗憾的是，绝大部分流星都暗于 2.0 等。因此，有些更为专业的摄影师会使用数台不同的相机对准天空中的不同区域，从而增加拍到流星的概率。

拍摄完成后，冲洗照片时，我们建议观测者先从小照片里面用放大镜认真仔细地挑选出那些确实拍到了流星的照片（而不是飞机或者人造卫星），不要直接打印大照片。等到确认了某张照片拍到了流星后再把它们打印出来，这应该会节省一些打印照片的费用。

你可能会想知道数码相机在捕捉流星方面的表现如何。很遗憾，普通数码相机的曝光最长只有 15 秒。这个时间间隔太短了，在拍到流星之前，相机很可能已经有数百次曝光了。数码单反相机则是非常理想的设备，虽然它们的价格比较贵。这些昂贵的相机可以拍出美妙的夜空照片，并且不需要胶片。你需要做的事情都在调整相机上面，包括 ISO 和曝光时间的设置。

数码单反相机的灵敏度也比较高，许多使用这些设备的摄影师每小时捕捉到的流星比用胶片相机拍摄的多两到三倍。如果你能买得起数码单反相机，那么请务必购买，它们能拍出出色的夜空照片。此外还可以与望远镜结合使用（图 8.9 和图 8.10）。

图 8.9 照相机在非引导时间拍摄到一颗流星。

图 8.10 照相机在引导时间拍摄到一颗流星。

8.12 ▍视频观测

视频观测是记录流星活动的最新技术，它使用增强型摄像机或弱光摄像机来捕捉经过其视野的流星。这些视频可以直接连接摄像机并保存到录像带中，或者输入电脑即时分析与归档。

与其他观测流星的方法相比，视频观测具有很多明显的优势，缺点也很少。最大的优点是可以作为另一双眼睛，无论观测者是否在场都可以收集数据。我自己就建立了一套观测系统，这为我的观测提供了很多便利。比如，假设我临时无法在凌晨 2 点时进行观测，而这又恰好是观测的黄金时间，此时我就会选择使用视频系统来进行观测记录，然后再分析那些我本来会错过的流星。我还发现，当月亮很亮并因此导致可观测的流星活动较低时，使用视频系统可以记录下更多的流星。有时，我也会带着我的录像系统去野外观测并配合望远镜进行观测。我站在目镜旁，摄像机连接到录像系统上，并记录当晚的流星活动。在每年的大型流星雨期间，我会同时进行目视观测和视频观测。此时，我会把视频系统对准稍微偏离辐射体的地方。

视频观测系统得到的数据准确性要比肉眼观测以及手绘好得多，然而，由于观测的视场比较大，其精确度往往要低于摄影手段的精确度。但是，考虑到视频系统能记录到比拍照多得多的流星，这样的缺点也不是不能接受。

增强型视频系统通常可以由三部分构成：镜头、图像增强器和视频录像机。一个高速镜头能将星空的图像投射到图像增强器上，图像增强器会把这个信号放大 1 万至 10 万倍数。之后，图像会被录像机所记录，最终送入电脑硬盘或者录像带中。图 8.11 显示了一套美国流星协会使用的视频观测系统。

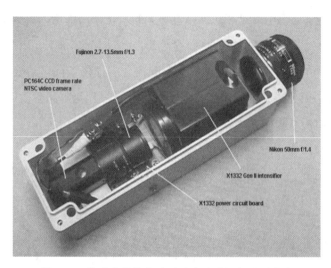

图 8.11　美国流星协会观测时使用的视频观测系统

　　随着时间的推移，录像机的灵敏度会不断下降，到达某个节点后，它们将不再适合放到视频系统中，但是可以把它们拿出来作为一个独立的观测设备，它们仍然可以工作并得到有价值的结果。当然，这时它们的灵敏度就下降很多了。虽然如此，在观测条件好的时候它们仍然能记录到暗淡的、星等为 3.0 的流星。此外，图像增强器的价格是很贵的，而且由于它们可以被用于军事用途，因此很多时候会受到进出口法规的限制。依据系统中使用的镜头的不同，增强器会使能观测到的极限星等有不同程度的加深，最深的能到 9.0 等。那些视场比较小的高速镜头通常会比那些速度比较慢、视场更大的镜头要看得更深。

　　观测者需要注意保护好这些昂贵的图像增强器，必须避免强光射入其中。如果有月亮进入视场，很可能会使得它的光电转化模块烧毁，从而对模块造成不可逆的破坏。因此，在操作相机时，观测者们需要避开月亮所在的区域。如果你不确定是否能完全避开，那么最好把相机对准北方，如果是在南半球则对准南方。观测者也不应该在太阳即将升起的时候使用视频系统，因为早晨和黄昏的光线都有可能对系统造成致命的损伤。同样重要的是，白天必须保持系统的遮光罩处于关闭状态。因为如果你关闭了机器，但没有封闭遮光罩，也可能会损伤观测设备。

观测完成后，观测者有两种分析视频数据的方法。第一种方法是观测者可以用肉眼查看录像带，第二种则是借助软件进行分析。自己观看录像带需要很长的时间，而且无论你如何集中精力，都会错过许多流星。使用软件分析则要容易得多，除了探测流星，这些软件还可以自动确定流星的归属、亮度、速度、长度和持续时间等参数，此外还可以生成流星的图像。它们并不完美，但相比于肉眼来说，这些软件的判断还是更准确一些，并且最大限度地降低了判断流星归属时观测者可能引入的偏差。

关于流星分析软件，有三个常用的选择：希尔科·莫劳的 MetRec，彼得·古拉尔（Peter Gural）的 MeteorScan，以及 SonotaCo 的 UFOCapture。这三个软件都可以用于对视频的实时分析或者对录像进行分析。要运行 MetRec，你需要在你的计算机中安装一个影像截取卡。莫劳先生建议使用 Matrox PCI 系列的影像截取卡，其中 Matrox II 是首选。[①]这些影像截取卡很贵，但经常可以在互联网上找到二手的，价格不到原来的一半。MetRec 在 MS-DOS 下运行，因此，需要一台运行 Windows 98SE

---

① Molau, Sirko (2007) MetRec Home Page. http://www.metrec.org/. Accessed 07 December 07.

或更早版本的电脑。有一个视频观测系统，包含了位于欧洲和美国的观测点，就是基于 MetRec 构建的。这些数据由莫劳先生汇集和分析，正是基于这些分析，莫劳提出了本书第七章中提到的一些可能存在的新流星雨。

MeteorScan 最初是为 Macintosh（Mac）用户设计的，但现在可以在基于 Mac 或 Windows 的系统上使用。UFOCapture 只适用于 Windows 操作系统。对于个人观测者而言，MetRec 是免费的，MeteorScan 和 UFOCapture 是收费的。但是相比于它们能为观测者节省的时间和精力，这些收费并不很贵。

8.13 射电观测

在白天或多云的夜晚，射电观测是唯一能进行流星观测的方法。射电观测系统包括一个专门的天线（通常是八角状的）和一个调频接收器。射电信号来自流星在穿过大气层时产生一个电离气体柱。大家都知道，这个气柱会反射来自地面发射器的无线电波。如果无线电波以一个垂直的角度击中电离气体柱，就会被反弹并原路返回地面发射器，这被称为反向散射，基于这个原理设计的射电观测系统被称为雷达系统。如果无线电波击中气柱的角度不是完全垂直的，那么它将被反射到离发射器有一定距离的地面上，这被称为前向散射，使用这种方式的系统被称为前向散射系统。大多数射电观测系统都是前向散射型，通过监测调频接收机上的无线电波来发现流星。

由流星产生的电离气体柱的持续时间通常只有几分之一秒。较亮的流星可以产生持续几秒钟的气柱，它们的尾焰往往是可观测的。射电观测中，流星的信号通常会很突然地出现。当使用调频接收机时，先在较低的频率（88兆赫到104兆赫）处找到一个空白频率。如果使用的观测设备具有设置多个接受频段的功能，那么我们建议观测者选择一个在40兆赫到60兆赫之间的VHF频段。位于55.25兆赫到59.75兆赫之间的频道2是一个更好的选择，如果它在观测者所在区域没有被占用的话。

无线电观测时，通常有两种观测方法，要么人工统计观测到的流星数量，要么通过电脑完成。在野外观测时，一个更有意思的方式是，听收音机的同时进行目视观测。大多数汽车上使用的天线并不适合这项任务，但如果形状合适的话，还是可以接收到那些来自比较明亮的流星的回波。相关的软件可以从射电观测通讯（RMOB）的伊卡·尤拉（Ilkka Yrjola）和克里斯蒂安·斯泰亚特(Christian Steyaert)那里获得。它们大都是免费的，即使收费，价格也都很便宜。

对于那些想在自家院子里搭建射电观测系统的观测者来说，六元素八木天线（six-element Yagi antenn）是不错的选择。注意，放置时要把天线稍微倾斜，而不是完全水平放置，这是为了避免当地电台的干扰。对于偶发流星，射电波段得到的活动曲线原则上应该和目视观测得到的一样。偶发流星的最佳观测时间在 LST 0600 左右，而最不好的时间是 LST 1800 。与目测观测到的流星不同，最佳的观测高度是 45 度，而不是当辐射体位于最高点时。这意味着每个流星雨在 24 小时内都会有两个高峰，一个是辐射体上升到 45 度时出现，另一个则是在辐射体降到 45 度时出现。

8.14 火流星观测

火流星指的是那些峰值亮度达到 –5.0 等及以上的流星。这个星等相当于金星最亮时的星等。火流星对应流星物质的体积通常比普通流星大一些，但也不是特别大。有些人认为有一栋房子那么大，才产生了这样的亮度，但其实没有。因为不能只考虑大小，也要考虑它的速度。如果撞击地球的速度够快，一个棒球大小的物体也可以产生数百英里外能看见的火流星。

火流星不常见，但偶尔还是能看到。它们通常出现在每年的大型流星雨的活动期。一些流星雨更有可能产生火流星，如双子座、英仙座、狮子座、象限仪座和天琴座。在宝瓶座 η、宝瓶座 δ、猎户座和小熊座流星雨活动期间，则不太常见。

研究发现，在流星非高峰期夜晚，每 1200 颗观测到的流星中只有一颗亮度超过 –5.0 星等，而每 12,000 颗中只有一颗亮度超过 –8.0 星等。[1]火流星白天的峰值在 LST 1800 左右，与目视流星率的峰值相反。因此，大多数火流星出现在傍晚时分，此时人们通常在户外，且多是驾车旅行。大多数火流星报告的目击者观察到火流星时实际上是在车里面。在北半球中高纬度地区，火流星出现的高峰是春季或春分附近。在此期间，普通流星的流量较小，但是火流星的流量却比较大。对于那些身处南半球中等纬

---

[1] Rendtel, Juergen, and Knofel, Andre (1989) Analysis of annual and diurnal variation of fireball rates and the population index of fireball from different compilations of visual observations. *Bulletin of the Czechoslovakian Astronomical Institute #40*. pp. 53 – 63.

度的人来说，观测的高峰值也出现在春分左右，时间是 9 月。但是，由于缺乏来自南半球的观测数据，目前无法证实这一点。

火流星的观测具有重要的价值，因为它们可以提供关于陨石坠落的信息。真正能到达地面的陨石只占到所有火流星的很小一部分。如果在此过程中发出了可以听到的声响，则该火流星穿越大气层幸存下来成为陨石的概率要高得多。在这种情况下，目击者提供的细节可以帮助确定陨石坠落的大致区域。

当观测者看到一颗偶发的火流星时，应该记录下尽可能多的细节。观测时间当然是最重要的信息，对于同一颗流星，收集到的观测时间往往有一定的波动，而且这个波动有时还相当大。2005 年的万圣节火流星就是一个例子，对于该流星事件，美国流星协会收到了超过 100 份关于发生在中大西洋各州的观测报告，所有的目击者都生活在美国东部时区中，但此次火流星事件的跨度正好为 1 小时。大多数报告仅相差几分钟，但也有一些超过了 45 分钟。因此，观测者应该尽可能准确地记录下观测到火流星的时间。

另外，关于火流星出现、消失时的方位和高度同样是非常重要的信息，但是要想准确地记录它们是不太容易的。不过有总比没有强，观测者还是应该尽可能提供这些信息。高度的获取应该比较简单，因为天顶的高度是 90 度，地平线是 0 度，中间就是 45 度。因此，做一个精度为 10 度的高度估计应该不是很难。判断方向则确实是比较困难的，除非你携带了指南针或者能分清楚当地的东南西北。有些报告中提到了一颗超过 5 秒的火流星，但同时说这个流星几乎没有运动，这就很让人费解。除非该火流星正好是朝着观测者方向运动，否则这是不可能发生的。出现那种正好朝着观测者方向运动的流星的概率也是很小的。另外也有一些报告有另外一些别的让人困惑的地方，比如说，它们提到流星从头顶飞过，又说，该流星从 60 度高度开始，在地平线附近消失。

火流星消失后，观测者应该留在观测点，侧耳倾听，看能否听到任何声响。这通常发生在火流星出现的 1 分钟后，而且通常出现在亮度为 −8.0 等及以上的流星中。这声音听起来有点像超音速飞机产生的音爆，也有人说像是高速飞行物产生的声音。

有些流星在还没消失的时候也能发出一些声音，它们被称为电声变换流星声，也被描述为哨声、噼啪声或者爆裂声。由于声速远小于光速，这种现象似乎有些不可思议。然而这个现象确实是真实的。因为这些声音由火流星的甚低频无线电波产生，并不是由火流星直接发出。无线电波以光速到达地面后，与地面物体相互作用，被反射、散射和吸收。在此过程中，产生了可听到的噪声。在我 40 年的观测过程中，虽然听到过流星产生的延迟音爆，但还没能观测到这种现象。

除此之外，观测者还可以记录火流星的其他参数，包括持续时间、峰值亮度、颜色、是否存在持续的尾焰以及末端爆发。其中对峰值亮度的估计有一定挑战性。最好的方法是对比火流星的亮度与月球的亮度。虽然月球亮度本身也随着月相的不同而有所区别，满月时的月相比上弦月或下弦月要亮出 4 个星等，最亮的时候月亮的亮度是 −13.0 等。有些火流星甚至比这个亮度更亮，极少数情况下能达到太阳的亮度。此外，观测者通常会倾向于高估流星的持续时间。因为大部分火流星的持续时间都不到 5 秒。颜色是一个非常主观的参数，但仍然有趣，值得记录。在慢速火流星中，颜色可以作为成分的指示器。持续的尾焰通常出现在高速流星中，但持续时间基本都在两秒之内。如果在火流星快消失时，突然出现了闪光，这表明火流星爆炸了。

大多数流星研究组织都接受火流星的观测报告，在互联网上可以找到一些专门用于火流星记录的表格。美国流星协会在他们的网站上发布了一份包含目前观测到的所有火流星的名单。有些火流星观测者还会被邀请在全球流星观测者论坛 Meteobs 上作报告，分享他们的观测经历。

第九章 / 每个月的流星活动

这一章将介绍每个月可能出现的偶发流星和流星雨。将介绍这些活动的具体时间，以及如何观测它们。此外，还提供了观测者视野附近的星等参考星，以便于观测者确定流星的亮度。本章尽可能全面地列出所有可能出现的流星活动，以方便观测者在外出观测之前了解自己可能会看到哪些辐射体活动。

9.1 ┃ 1 月流星活动

对北半球来说，1 月是一个流星雨活动比较少的月份，虽然之前 5 个月的偶发流星活动都比较多，但是在 1 月流量开始下降。不过，这种下降并不是突变，而是渐进的。也就是说 1 月的流星活动只比 12 月的略少一些。如果在观测条件好的野外，在 1 月中旬的清晨之前，每小时应该能看到十几颗偶发流星，夜间应该能看到 2 到 3 颗。如果在南半球，偶发流星的流量在全年中是很大的，因为 1 月是全年两个偶发流星高峰期之一。如果从观测条件好的野外观测，清晨之前每小时大概能看到 15 颗偶发流星。大部分流星活动发生在南部天空，包括船底座、船尾座、船帆座和半人马座。在夜间，流量大概是每小时 3 颗左右。

从北半球来看，新年前后，随着象限仪座流星雨以及一月牧夫座流星雨的到来，一年的流星活动就高调地开场了。象限仪座流星雨在 1 月 1 日清晨之前的流量不高，第二天的这个时候也只

是稍微好一些。峰值将会出现在 3 日早上（如果是闰年，则是 4
日），此时流量可以达到每小时 25 到 100 颗。晚间对象限仪座流
星雨的观测通常效果不佳，人们应该把精力留到黎明之前的那段
时间。此外，人们应该把注意力放在象限仪座东北部，除非月亮
出现在东部天空。如果是那样，就把注意力放到西边的天空，也
就是象限仪星座的西北部。在清晨之前，零等的橙黄色大角星
位于东部的高处，一等星白色的角宿一（室女座 α 星）在其南
部 20 度。二等星中，比较好的参考星是橙色的北极二以及瑶光。
视野范围内，比较好的三等参考星包括常陈一（猎犬座 α 星）
以及梗河一（牧夫座 ε 星）。四等星则包括了天纪二（武仙座
ε 星）以及北冕座 θ 星。比较好找的五等星则包括了五诸侯五
（在五帝座一）的东边；以及勾陈增九（小熊座 η 星），这是小
熊座勺子部分最暗的那颗星。在高质量的星图上，这些恒星都很
容易被找到。在后面所有月份的介绍中，我们也会提供类似的参
考星，以帮助观测者更准确地判断流星的亮度和观测时的极限
星等。

在观测象限仪座流星雨的活动时，观测者可能会注意到源
自后发座的高速流星。这就是后发座流星雨，极大出现在 12 月。
如果面向东北观测，这些流星会从上方进入观测者的视野，向地
平线飞去。它们的速度比象限仪座流星雨略快，其中有相当一部
分有持续的尾焰。

1 月，反日点流星雨的辐射体从双子座东部穿过巨蟹座，从
北半球看的效果比较好，但是优势不是特别大。在南北半球流量
的差别大概是每小时 1 颗。1 月的第一周是反日点流星最多的一
周。如果月相比较适合观测，观测者应该能在本月第一周看到来
自一月狮子座流星雨和西部长蛇座 α 流星雨的活动。

从南半球看，流星雨的流量比较小。月初只能看到象限仪座流星雨的一小部分。不仅如此，看后发座流星雨的效果也不理想，更何况它本身的流量就不大。在温暖的夜晚却只能看到如此少的流星活动，真是浪费了大好的夏夜！

9.2 2 月流星活动

从 2 月开始，南半球进入长达 6 个月的流星观赏期。从北半球看，偶发流星的数量还是挺多的，但是流量在持续下降。2 月中旬，在观测条件好时，清晨之前的流量是每小时十几颗偶发流星。夜间观看的流量大概是每小时 2 到 3 颗。除了反日点流星外，北半球几乎看不到其他流星了。

整个 2 月，反日点流星的辐射体都在狮子座附近，北半球在观测这些流星方面稍微有点优势。2 月 12 和 25 日左右会出现一个反日点流星的高峰，后一个可能与狮子座 δ 流星雨有关联。

狮子座 δ 流星雨 2 月下半月比较活跃，但是总体上看它的流量并不大，因此，不太引人注意。即使是在极大日期（2 月 25 日前后）也是如此。对北半球的观测者而言，在忍受 2 月的低温来观测时，应该把注意力放在南方，尝试捕捉天球赤道以南的一些流星活动。在 2 月的第一周，我们鼓励人们尝试观测二月六分仪座流星雨的流星活动。

由于本月的流星雨辐射体都出现在比较偏南的地方（半人马座 α 附近），这个流星雨在这个月的前三周比较活跃，在 2 月 8 日出现极大，极大时的 ZHR 为 5 颗。观测这些流星雨的人们最好在午夜时分开始观测，那时辐射体位于东南方高处。虽然流量并不大，每小时只有 4 到 5 颗流星，但有时流量会突然增加，达到每小时 10 颗左右。南方的观测者在这个时候可能会看到一年中最让人印象深刻的恒星背景，因为此时的银河系笔直穿过南方的天空，无数明亮的星星点缀着夜空，北半球的观测者是看不到这一幕的，只能想象！

有不少参考星可以用来估计流星的星等，天狼星（大犬座 α 星）以及老人星（船底座 α 星）的视星等是 –1.0 等，南门二则是零等星，南十字座的恒星是一等星，它们也可以作为参考星。南三角座的恒星大部分是二等星到三等星，位于南门二的南方。位于南门二以东几度的圆规座 β 星和苍蝇座 ε 星则是四等星，南门二附近还有许多五等星，由于它们比较暗，大部分都没有专门的名称。每年的这个时候，月亮都是残月，即使如此，如果在观测时视野中有月亮还是应该尽可能避开。可以向西，对着船帆座和船尾座的方向看。

在半人马座 α 流星雨活动刚结束时，矩尺座 γ 流星雨开始活跃起来，它们之间具有一定的关联性。正如观测半人马座 α 流星雨一样，它们的最佳观测时间也是黎明之前的几个小时。可以使用与半人马座 α 流星雨一样的参考星。这场流星雨比半人马座 α 流星雨更偏北一些，因此从北半球的热带地区可以观测到一部分活动。

相比于 1 月，南半球偶发流星的流量在 2 月会有所下降。在野外观测条件好的夜晚，黎明之前几小时能看到的流量大概是每小时 13 颗流星，晚上的流量是每小时 2—3 颗。同样，每年这个时候的大部分偶发流星活动都出现在南半球。

2 月也是火流星的最佳观赏期，它们通常在午夜时分出现。从 2 月到 4 月都是偶发火流星的活跃期，在这段时间内，每隔几个晚上就会有观测者报告他们观测到了壮观的火流星。

9.3 3月流星活动

随着 3 月的到来，北半球的冬夜已经没有那么寒冷。在南半球，炎热的夏季刚刚过去，早晨的空气可以感到一丝凉意。在北半球，偶发流星的流量继续下降，12 月里每小时十几颗的流量现在在早上下降到 8 颗。夜晚的天空很安静，每小时只能看到 2—3 颗。对南半球的观测者而言，这个月前几天，流星的流量还是在下降，在这个月 15 日之后，南部天空中的偶发流星的流量会突然有所上升。到月底，清晨之前每小时能看到 8 颗，夜晚可能会看到 3 颗。

无论在南半球或北半球，3 月的流星雨都不算很活跃。这个月也没有大型的年度流星雨活动。只有狮子座 δ 流星雨和矩尺座 γ 流星雨等小型流星雨，当然，始终存在的反日点偶发流星增强了这些流星雨活动。在本月的第一周，狮子座 δ 流星雨的活动已经开始减弱，每小时下降到 1 颗，到 10 日时，将降到 1 颗以下，其他流星活动也很少。狮子座 δ 流星雨的辐射体在狮子座东部，靠近被称为五帝座一的亮星。这个区域的天空对北半球高纬度的观测者来说，将在 LST 1800 左右升起。对低纬度观测者而言，则是在 LST 1830 左右升起。对于赤道地区，是在 LST 1900 左右升起，对南半球低纬度观测者，是在 LST 1930 左右升起。无论观测者身处何地，最佳观测时间都是 LST 0100，因为此时辐射体位于天空的最高点。狮子座 δ 流星雨与地球的角度比较大，因此，相对于大多数流星，它们的速度会比较慢。

3 月第二个活跃的流星雨是矩尺座 γ 流星雨，其辐射体位于矩尺座和天坛座，由于位置比较靠南，这个辐射体的最佳观测位置是北半球的热带地区，在那里，辐射体的高度最高。矩尺座 γ 流星仅在 3 月 13 日前后的一周内出现每小时超过 1 颗的流量。在极大时它的流量可以达到每小时 5 颗，但每年的波动很大。从北半球的高纬度地区看，这个辐射体一直不能从地平线下面升起，因此，只有在北纬 35 度以南的区域才能看到。从北半球低纬度地区看，这个辐射体在 LST 0130 左右升起，对于赤道地区的观测者来说，升起的时间是 LST 2300 左右。对于南半球低纬度地区的观测者来说，升起时间是 LST 2100。无论观测者在什么位置，这个辐射体的最佳观测时间是黎明前的最后一个小时。相较于 3 月活跃的其他流星雨，矩尺座 γ 流星雨入射地球的角度比较小，因此，除非是在辐射体或者地平线附近，这些流星的速度是比较快的。

在本月反日点流星的活动也会出现一个小高潮。由于其辐射体位于室女座内，因此也被称为室女座流星雨。在 3 月 24 日左右会出现一个极大值，但流量并不太清楚。从赤道地区看，其流量可能到达每小时 3 颗。那时，辐射体位于室女座中部，在亮星角宿一和东上相（室女座 γ 星）之间。这个区域的天空在 LST 1930 左右升起，对于北方低纬度地区和赤道地区，辐射体的升起时间接近 LST 1900，南方低纬度地区则是在 LST 1830 左右。无论观测者位于何处，这颗辐射体的最佳观测时间都是 LST 0100，此时它位于天空中的最高点。反日点流星与地球的交角是 90 度，角度比较大，因此速度比较慢。

本月，北半球的观测者应该多注意南方的天空，除非那里有月亮出现在你的视野中。上述 3 个流星活动都集中在这个方向。对于南半球的观测者，相反，他们应该向北看狮子座 δ 流星雨和反日点流星，向南看矩尺座 γ 流星雨。

　　整个 3 月夜晚的火流星高发。从北半球看，这些火流星更为明亮。这可能是由于夜晚的太阳向点在天空中的最高处。如果是出于这个原因，那么南方的观测者应该会在 9 月春分左右看到一个火流星的高潮，但这一点还没有被验证。

9.4 | 4月流星活动

 4月和5月会出现一些大型流星雨，而且有些流星雨横跨了这两个月。这也意味着消失已久的大型流星雨终于又要出现了。本月有两个年度大型流星雨处于活跃期，除此之外，还有一个流量不稳定的流星雨活动以及反日点流星活动。对北半球的观测者而言偶发流星的流量正缓慢下降，在没有月亮的黎明前，每小时可以看到6—7颗偶发流星，夜间的这个数量会降至还不到一半。对南半球的观测者而言，偶发流星的流量则会持续地上升。黎明之前的观测者可以看到至少每小时8颗流星，夜间平均每小时能看到3颗。

 本月上旬，流星整体流量偏小。只有反日点流星对偶发流星的流量有所贡献。这个月反日点流星的辐射体从室女座中部逐渐移动到临近的天秤座：室女座的辐射体在本月中旬停止活动，而位于天秤座的另一个更活跃的辐射体开始活动。

 在4月，有两个时期的反日点流星比平时更活跃。这两个时期是4月4日至9日，8日出现高峰；以及4月16日至23日，19日和23日在两个不同位置出现高峰。辐射体位于天球赤道以南，南方的观测者有优势，因为辐射体对他们来说更早升起。对南方的观测者来说，它在天空中的最高点也更高。观看这一活动的最佳时间是在LST 0100左右（夏令时的话，这个时间是LST 0200）。

 接近4月15日时，观测者可能会注意到来自武仙座的流星活动。这些中等速度流星宣告了天琴座流星雨的开始。天琴座流星雨的流量会逐渐增加，在4月22日早上达到极大。在这一天，辐射体仍然位于武仙座内部偏东的位置，也很靠近突出的天琴座。因此，观测者更容易把该流星雨与天琴座而不是武仙座联系起来。对于北半球高纬度的观测者而言，辐射体在夜间升起，对北半球低纬度的观测者则是在LST 2200左右升起，对赤道地区的观测者是在LST 2200左右升起。对于南半球低纬度的观测者，辐射体在LST 2300左右升起。在辐射体到达天空最高点之前，清晨已经到来。因此，无论处于什么位置，观看天琴座流星雨的最佳时间是在黎明曙光开始出现前最后一个小时的黑暗期。

对北半球高纬度的观测者而言，有一个非常好的观测时段，就是早晨，此时辐射体位于天空中很高的位置。观测者可以选择任意方向观测流星活动，而且能看到绝大部分的天琴座流星雨活动。但是不要一直盯着辐射体看，这是最差的选择。位于南半球的观测者应该朝着天空的北部看，这个方向能看到的流量最大。4月22日极大之后，天琴座流星雨流量会迅速降低，到了4月26日就几乎停止了。

把注意力放在天鹅座是一个不错的选择，因为你可以看到很多天琴座流星雨的活动。零等的织女星位于辐射体的西边，一等星天津四则位于天鹅座北部恒星密度很大的银河系区域。北极二和天津一（天鹅座γ星）则是比较好的二等参考星。天津二和天厨一（天龙座δ星）是比较好的三等参考星。辇道增五（天鹅座η星）和天厨三（天龙座ε星）是良好的四等参考星。最后，勾陈增七（小熊座θ星，它位于小熊座的"勺子"里）和天龙座ν^1星是比较容易找到的五等参考星。

在观测时，观测者可能会注意到偶尔有一颗快速的流星从东边地平线上飞驰而过。这些高速流星预示着宝瓶座η流星雨的开始，由于这个流星雨的极大出现在下个月，因此，我们在下一节讨论。

在我们结束关于 4 月流星雨活动的讨论之前，还有一个值得注意的流星雨：船尾座 π 流星雨。它的活跃时间约为 2 周，极大出现在天琴座流星雨后的一天（4 月 23 日）。这个流星雨的辐射体位于船尾座南部，靠近亮星老人星。对于北半球高纬度地区的观测者而言，这一天区没能从地平线升起，所以在北纬 45 度以北的地区无法看到。越往南观测条件越好，因为辐射体在天空中的位置越高。在夜里晚些时候落下。

与大多数年度流星雨不同的是，船尾座 π 流星雨通常在傍晚时分被看到，因为辐射体在日落前已经达到顶点。由于它刚与地球相遇不久，活动是相当多变的。在大多数年份，船尾座 π 流星雨的流量都很小或者没有活动。偶尔能在南半球看到很大流量的活动，因为在那里，辐射体在黄昏时远远高于西南地平线。这些流星的特点是速度特别慢，往往能持续几秒钟。

观测者应该在四月的第一周注意天龙座流星雨的活动，其辐射体位于北斗七星和天龙座的尾部之间。这些流星的速度极为缓慢，在 LST 0200 左右最容易看到。

4 月上半月火流星的流量还是比较大的，这也是从 2 月开始的活动的延续。随着天气的转暖，更多的人在傍晚时分外出，这有助于更多的火流星被看见。

9.5 | 5月流星活动

对北半球观测者而言，5月份的偶发流星活动继续减少。5月中旬，即使是在观测条件好的野外，黎明之前，能看到的偶发流星数量大概6颗以内，至少在5月的前半个月，还不算特别低。从北半球看，夜间每小时大概能看见2颗。从南半球，黎明之前的几小时，这一数字陡增至15颗。这样的大流量加上宝瓶座 η 流星雨本来就比较大的流量，在略有寒意的秋季凌晨提供了不小的观测乐趣。南半球夜间的流量大概是3颗。

5月的第一周，宝瓶座 η 流星雨非常活跃。强烈建议把观测安排在午夜之后，因为最大流量出现在早晨刚开始那一会儿。观测者应看向东方以获得最佳效果。对北半球的观测者来说，为4月的天琴座活动提供的参考星也适用于本次活动。赤道以南的观测者应该将视野再往南移一点，以人马座的区域为中心。从这个方向看，一等星北落师门位于你视野的右下方或南部。两个很好的二等参考星的例子位于人马座斗宿四（人马座 θ 星）和箕宿三（人马座 ε 星）。建三（人马座 π 星）和牛宿一（摩羯座 β¹ 星）则是两颗三等参考星，它们靠近你的视野中心。比较好的四等参考星包括人马座 ρ¹ 星和鳖六（南冕座 α 星）。容易找到的五等参考星包括周一（摩羯座 η 星）和罗堰二（摩羯座 υ 星）。

在某些年份，这个天区可能会出现月亮，对观测造成干扰。如果出现这种情况，观测者可以把视线转向北方或南方以避开月亮的干扰。这个辐射体升起的时间比较晚，此时盈凸月在西边天空的低处，不会影响观测者的拍摄。但是，如果出现了满月，因为干扰太严重，就没法继续观测宝瓶座 η 流星雨了。如果月亮是下弦月，对观测不会有致命的影响，可再次进行成功的观测。

在观测宝瓶座 η 流星雨时，可以看到天琴座 η 流星雨的一些活动。它的辐射体位于天球赤道以北，因此，从北半球看的效果比较好。如果把注意力放在天鹅座，就可以同时看到宝瓶座 η 流星雨和天琴座 η 流星雨活动。南半球的观测者则可以把注意力集中在人马座方向，也可以同时看到这两个流星雨的活动。来自宝瓶座 η 流星雨的流星会从东方飞入视野，而天琴座 η 的流星则会从北方或左侧飞入。

5 月反日点流星的辐射体会经过天秤座、天蝎座，然后进入蛇夫座。从南半球看效果比较好，每小时大概可看到 3 颗流星。反日点流星的流量在 5 月 1 日到 6 日会比平均值高，5 月 5 日达到峰值；类似的情况也会出现在 5 月 22 日到 30 日，29 日达到峰值。无论观测者在什么位置，宝瓶座 η 流星雨总会从右上方进入视野。

9.6 | 6月流星活动

　　从北半球看，偶发流星的流量在6月进入低谷。在野外，黎明之前每小时的流量大概是5到6颗，夜晚的流量会更低，大概每小时1到2颗偶发流星。从南半球看到的偶发流星流量大概与5月的差不多，在月末时可能会稍微增大一些。从南半球高纬度地区看来，清晨之前偶发流星的流量是每小时16颗，夜间的流量是3到4颗。

　　6月没有年度大型流星雨的活动，唯一比较值得观测的是反日点流星和六月牧夫座流星雨，后者是可变流星雨。6月，反日点流星的辐射体从蛇夫座东南部转移到人马座北部，这个月内还会继续南移。因此，从南半球看反日点流星的流量会更大。本月有四个反日点流星比较活跃的时期，第一个发生在5日到14日之间，13日为高峰；第二个发生在17日到26日之间，18日为高峰；第三个是24日到30日，29日为高峰；第四个是6月23日到7月1日，高峰是7月1日。这些时期之间有重叠，它们的活动来自不同的辐射体。

　　可变流星雨六月牧夫座流星雨的活跃期是6月22日到7月2日，在6月27日出现极大。这是一个严格意义上的夜间流星雨，天一黑就可以观测了。比较好的观测区域是北方的高纬度地区，即使每年这个时候这些地区的夜晚较短，会影响观测。

　　本月中旬，如果天气好，观测者可以尝试看一下六月天琴座流星雨（又称天龙座 ξ 流星雨）。这个流星雨还没有完全被确认，但是出现的次数不低。其辐射体位于织女星和天龙座的头部之间，它似乎在这两个辐射体之间移动。北半球观测者的观测效果更佳。

在 6 月初，观测者有机会看到一年中最强的白昼流星雨 —— 白昼白羊座流星雨。在拂晓前，偶尔可以看到该流星雨中一颗长长的流星从东北地平线上进入天空。

我们也鼓励观测者帮忙确认一下六月天鹰座北部流星雨，它们应该在本月最后一周比较活跃，6 月 25 日达到极大。

9.7 | 7月流星活动

从北半球看，偶发流星的流量会在7月开始上升。这个月前半月流星的活动情况与上个月区别不大，但是在后半月，流量陡然上升。本月中旬，黎明之前每小时预计可以看到9—10颗偶发流星，夜间这个数字是2。从南半球看，偶发流星的流量在本月中旬达到年度最大值。在南半球高纬度地区，观测者在黎明之前每小时能看到多达17颗的偶发流星，数量非常多。夜间每小时平均流量接近4颗。

经过上半年的缓慢增长，7月流星雨的流量急剧上升。7月3日，第一场流星雨摩羯座 α 流星雨登场；12日，宝瓶座 δ 流星雨也加入其中；3个夜晚后，南鱼座流星雨又来凑热闹。到中旬时，这3个流星雨的流量加起来还不到偶发流星的一半。但是这将很快被改变，因为这3个流星雨的极大都出现在本月最后1周。

同样在本月中旬，英仙座流星雨登场，它们从东北方疾驰而来。与此同时，在人马座东部，反日点流星的辐射体每小时产生2—3颗流星，然后进入摩羯座中部。每年这个时候，摩羯座、宝瓶座和南鱼座都会出现一些流星。南半球热带地区的观测者处于最佳观测位置，这些流星会从他们的头顶划过。来自这个纬度的观测者最早可以在 LST 2300 开始观测。当时间到达 LST 0200，辐射体适时地出现在最高点。此时观测者应该面向正北观测，把视野中心集中在飞马座西部。一等参考星河鼓二以及天津四位于辐射体的西方。壁宿二（仙女座 α 星）和土司空（鲸鱼座 β 星）

位于东方，是很好的二等参考星。比较好的三等参考星包括了离宫四（飞马座 η 星）以及虚宿一，它们都靠近视野的中心位置。比较好的四等参考星包括臼二（飞马座 κ 星）和人二（飞马座 1 星）。最后，比较容易找到的五等参考星是土公吏一（飞马座 31 星）以及败瓜五（海豚座 κ 星）。北半球的观测者应该面向正南观测，把注意力集中在飞马座西部以及宝瓶座北部，可以使用与南半球的观测者相同星等的参考星。

本月穿过摩羯座的反日点流星辐射体是一个可以加入这个区域的辐射体，所产生的流星的速度可能比摩羯座 α 流星雨之外所有流星更慢。这些流星在本月 16 日到 22 日之间出现并在 21 日达到极大。反日点流星另外一次流量比较大的时期是本月 25 日至 31 日，极大出现在 25 日。本月正常的反日点流星流量在上半月只有每小时 1—2 颗，而下半月每小时为 2—3 颗。

我们也鼓励观测者注意观察 7 月 17 日到 22 日之间宝瓶座 β 流星雨的活动，它的极大应该出现在 19 日。

7 月也是全年望远镜观测的一个流量高峰期，天琴座 α 流星雨在本月中旬很活跃，产生的流星是望远镜观测下正常流量的 3 倍多。

9.8 8月流星活动

8月是北半球观测流星的最佳月份，本月的天气比较温暖，流星活动也不少，使得观测流星更加容易而且更有乐趣。清晨偶发流星的流量每小时能达到十几颗，夜晚时分每小时也有3—4颗。从南半球看，一个月前流量还高达每小时17颗，现在已经下降到8—10颗。每年这个时候晚上预计每小时能看到2颗左右的流星。

7月下旬达到高峰的流星雨在8月的第一周内仍然活跃，我们鼓励观测者面朝南方对这部分流星保持一定的关注，直到10日，英仙座流星雨进入高潮，这时应该对英仙座流星雨的活动给予足够关注。来自南方的流星仍然可能从视野上方飞入，因此，要分辨流星的来源不是一件简单的事情。如果出现这种情况，我们建议将它们都标记为宝瓶座 δ 流星雨的成员，因为它是这片天空中最强的辐射体。

英仙座流星雨的最佳观测日期是10日到15日，其中12日是极大期，如果是闰年的前一年，极大也可能出现在13日。虽然整晚都能一直看到英仙座流星雨的活动，但午夜之后的流量要大得多。

为了更好地观测英仙座流星雨活动，观测者应该面向正东或正北，总之，要找到视星等最深的方向。辐射体周边唯一一个零等参考星是五车二。一等参考星则有两颗：天津四和毕宿五。二等参考星有很多，比较好的是北极星勾陈一和五车三（御夫座 β 星）。三等参考星包括天船五以及北极一（小熊座 γ 星）。四等参考星包括：天大将军十（三角座 γ 星）和大陵二（英仙座 τ 星）。容易找到的五等参考星是勾陈增九星和天谗（英仙座 42 星）。

在这段时间里，另外一个活跃的北方辐射体是天鹅座 κ 流星雨，在整个晚上都可见。它经常产生慢速但明亮的火流星级别的流星。这个流星雨在本月的大部分时间内都很活跃，并在 17 日出现极大。

本月月中以后，除了反日点流星，所有位于天球赤道以南的辐射体都停止了活动。反日点流星辐射体现在正向东北方向穿越宝瓶座，每小时产生 2—3 颗慢速流星。本月有 3 个时期，反日点流星的辐射体的流量会略微提高。它们出现在：7 月 30 日到 8 月 6 日，其中 8 月 2 日达到峰值；8 月 10 日到 16 日，峰值出现在 16 日；8 月 3 日到 26 日，峰值出现在 22 日。

8 月观测者也可以尝试观测几个新发现的小型流星雨。第一个是八月摩羯座流星雨，它的活跃期从 13 日到 24 日，极大出现在 22 日摩羯座 α 星附近。这些流星的速度极慢。第二个是仙后座小型流星雨，它活跃于 20 日至 26 日，极大出现在 26 日。该流星雨的移动速度相当快。第三个流星雨是八月天龙座流星雨，活跃时间为 8 月 26 日至 9 月 1 日。极大活动发生在 27 日，流星的速度为中等速度。

本月月中之后，流星的流量大大下降。英仙座流星雨在本月第三周每小时产生 5—10 颗流星，21 日之后，流量下降到每小时 5 颗，再过几天就完全消失了。随着英仙座流星雨的消失，御夫座流星雨登场了。它产生的流星的流量通常很低，除了极大那晚（通常是 9 月 1 日）。

9.9 | 9 月流星活动

　　9 月没有任何主要的年度大型流星雨活动，但北半球的偶发流星的流量还是比较大。野外的观测者在清晨之前平均每小时可以看到 14 颗流星。夜间的流量大概是每小时 3 颗。南半球的偶发流星的流量已经大大减少，本月的流量实际上是年度的低点，而从高点到低点的时间只有两个月。清晨之前每小时只有 4 到 5 颗偶发流星。夜间这个数字是 1 到 2 颗。

　　本月的流星活动主要集中在御夫座和英仙座。首先登场的是御夫座流星雨，通常在本月 1 日出现极大，而且只会持续一晚。与这部分天空的其他流星一样，御夫座流星的速度也比较快，有相当一部分会出现持续的尾焰。它们的最佳观测时间是在黎明之前，那时辐射体的位置最高。之前介绍的英仙座流星雨的参考星同样适用于本月流星雨观测。

　　御夫座流星雨的活跃日期到 8 日就停止了。那时，九月英仙座流雨正如火如荼地进行着，清晨之前每小时产生数颗流星。9 日英仙座出现极大，每小时大概有 5 颗流星，之后活动逐渐减弱，但不会完全停止。18 日，流星活动转换为御夫座 δ 流星雨，辐射体很快移动到御夫座。在这个月的剩余时间内它依旧很活跃，但流量很小，每小时只有 1 到 2 颗流星。

　　本月，反日点流星的辐射体穿过双鱼座，其产生的流量大概是每小时 2 到 3 颗，但在一些夜晚会增加。这样的夜晚包括 5 日（广阔的反日点区域内有两个不同的辐射体）、8 日、14 日、18 日。25 日之后，反日点流星辐射体与两个金牛座流星雨的辐射体混在一起，并且，在接下来的两个月中都将维持这种情况，无法分辨它们。因此，我们建议在此期间放弃对反日点流星的观测。金牛座流星的活动从双鱼座东部开始，在 10 月和 11 月期间慢慢向东北方向迁移。这些流星与反日点流星类似，速度都很慢。

本月可能有 4 个尚未被确认的新流星雨，观测者可以尝试观测。前两个都在本月 1 日到达极大，可以与御夫座流星活动一起观测，它们都属于九月小熊座流星雨，与九月天猫座南部流星雨类似，速度为中等。另外，九月天猫座北部流星雨也值得观测，它的活跃期是 9 日到 16 日，极大为 13 日，同样也产生中速流星。最后，猎户座 α 流星雨在 24 日到 30 日活跃，27 日达到极大，通常会产生高速流星。

9.10 | 10 月流星活动

在北半球，10月正处于一个过渡期，从夏季多云为主的夜空过渡到秋冬季的无云夜空。在上个月稍显冷清的流星活动后，本月流星活动比较多，而且偶发流星的数量仍然很多。在北半球野外地区，黎明之前每小时能看到16颗流星，夜间为4颗。幸运的是南半球能看到北半球上演的大部分流星雨，只是南半球偶发流星的流量比较低，到达了一个低点，在黎明之前只有4—5颗，在夜间只有1—2颗。

本月猎户座流星雨基本都很活跃，但在18日到24日之前的观测效果最佳，极大出现在21日。由于辐射体位于天球赤道以北，因此，地球上大部分地区都能看见这个流星雨。辐射体在傍晚时分升起，但观测应该等到辐射体上升到一定高度之后，也就是午夜之后再进行。北半球的观测者应该面向南方观测，南半球的观测者应该面向北方。

幸运的是，猎户座流星雨辐射体的区域存在着不少亮星可以作为参考星。–1.0 等的参考星包括天狼星和老人星。零等的参考星包括参宿七（猎户座 β 星）以及五车二。一等星包括毕宿五和北河三。二等星的参考星包括参宿一（猎户座 ζ 星）和参宿三（猎户座 δ 星），这两颗星星都位于猎户座的腰带上。这个区域的三等星包括孙增一（大犬座 ζ 星）和天关（金牛座 ζ 星）。四等星包括大犬座 θ 星和参宿增十八（猎户座 μ 星）。最后，容易找到的五等参考星包括参宿增卅二（麒麟座 2 星），此星靠近参宿六（猎户座 κ 星），以及双子座 64 星，此星靠近北河三。

在观看猎户座流星雨时，可以看到该流星雨的成员或金牛座流星雨的成员以每小时 2—3 颗的流量从白羊座飞来，自西方进入观测者的视野。这些流星比猎户座流星慢得多，很容易区分。双子座 ε 流星雨在 14 日到 27 日之间活跃，18 日达到极大。这个弱流星雨的辐射体位置接近猎户座，因此，很难从数量更多的猎户座流星中分辨出来。小狮座流星雨也在猎户座流星雨的极大前后活动，它的辐射体在小狮座稍北的位置。和双子座 ε 流星、猎户座流星一样，这些流星也属于高速流星。

在 10 月 8 日前后，观测者可能会在傍晚时分瞥见难以捕捉的天龙座流星雨成员。这些流星的速度极慢，是从天龙座的头部辐射出来的。

本月在赤纬极北的地方会出现几个尚未被确认的新流星雨，位于北半球的观测者更有可能看到它们。10 月，鹿豹座流星雨非常活跃，5 日，其辐射体位于北极星勾陈一旁边十几度，它产生的流星都是比较明亮的。另外一个靠近北极星的辐射体是小熊座 ε，它的极大出现在 12 日。另外一个在非常北边的流星雨是大熊座 τ，它在 15 日达到极大。最后，在更偏南的位置也有一个辐射体，是南北半球的观测者都能看到的，那就是巨蟹座 ζ 流星雨。这场流星雨在本月的最后一周活动较弱，但极大出现在 31 日。

9.11 ｜ 11 月流星活动

　　11 月流星雨的流量没有 10 月那么大，但至少北半球偶发流星的流量在较长的夜晚中继续保持强劲，黎明之前偶发流星的流量是每小时 16 颗，夜间是 4 颗。在南半球，偶发流星黎明之前平均每小时为 5 颗，夜间则为 2 颗。

　　11 月上半月，有两个位于金牛座的辐射体达到极大，此时叮以看到高达每小时 5 颗左右的流星，接近极大值。金牛座流星雨中经常会出现一些明亮的火流星。这两个辐射体在 11 月期间穿过金牛座的西部和中部，在黎明之前最容易被看到。与这个月的大部分活动相比，金牛座流星的速度很慢。

　　狮子座流星雨则是从 10 日到 23 日活跃，极大出现在 17 日到 19 日。据预测，这个流星雨近期不会出现流星暴，但是它们仍然是令人印象深刻的流星，曾经出现过一些速度非常快的流星。最佳的观测时间是在黎明之前，此时辐射体在天空中的位置很高。

　　观测者在观测任何狮子座的流星雨时都应该面向东方。北方的观测者应该关注辐射体的北部，而位于赤道以南的观测者应该面向辐射体的南部。在此天区，并没有多少参考星。最亮的参考星也只是一等星，如北河三和角宿一。比较好的二等星包括星宿一和五帝座一。比较好的三等星包括轩辕九（狮子座 ε 星）和轸宿二（乌鸦座 ε 星）。一些四等星包括星宿四（长蛇座 ι 星）和右辖（乌鸦座 α 星）。最后，比较好找的五等参考星包括六分仪座 β 星和东上将（后发座 α 星）。

　　观测者还应该关注麒麟座 α 流星雨，它在每年的 11 月 21

日达到极大，辐射体在亮星南河三附近。该流星雨大多数年份的流量都比较低，但偶尔也会有大爆发。可能需要注意的新流星雨是十一月猎户座流星雨，过了 12 月 5 日，这个流星雨从 12 月 17 日开始活跃，并在 28 日达到极大。这些流星会比更强的猎户座流星雨速度稍慢一些，后者在 10 月达到高峰。

9.12 12月流星活动

12月上半月是流星活动的一个小高潮。这段时间内有很多活跃的小型流星雨。同时，也会上演令人印象深刻的双子座流星雨，它在14日达到极大。从北半球看，本月偶发流星率依然非常高，如果从野外看，那么黎明时分每小时可以看到15—16颗偶发流星，到了夜间这个数字则是3—4颗。从南半球看，偶发流星数量正在从10月的低点回升。在黎明之前，南半球的观测者每小时可以看到10—12颗偶发流星，预计夜间能看到2—3颗。

12月初的特色是，本月有反日点流星（正在穿越双子座南部）、船尾座－船帆座流星雨、麒麟座流星雨、长蛇座 σ 流星雨，同时，双子座流星雨也开始了。在本月的第二周，后发座流星雨也会进入活跃期。所有这些流星雨都在双子座出现极大的同时活动。因此，除了每小时60颗左右的双子座流星雨之外，在野外良好的观测条件下，观测者每小时还能多看见数颗偶发流星以及5—10颗来自小型流星雨的流星。如果双子座流星雨的辐射体处于天空中的高处，而且月光的污染比较小的话，观测者每小时或许能看到超过100颗的流星。

在中北纬度地区，双子座的辐射体在 LST 0200 升到最高点。位于中北纬度的观测者可以找到视星等最深的方向进行观测，以获得最佳的观测效果。另外，在夜间，晚上10点时，也能看到比较多的流星。南半球的观测者应该面向北方才能看到更多的双子座流星雨活动。幸运的是，此时的银河系正穿过双子座，因此，有很多明亮的参考星。天狼星的视星等为 –1.0 等。参宿七以及五车二是零等星。比较好的一等星是北河三、毕宿五。在视野范围内的二等星还包括五车三、星宿一。三等星包括轩辕九以及天关。四等星包括柱五（御夫座 ν 星）和轩辕增廿二（巨蟹座 ι 星）。比较好的五等星包括五车增六（御夫座 ω 星）以及柳宿七（长蛇座 ω 星）。

本月月中以后，流星雨的流量突然变得很低。反日点流星在经过双子座南部时，平均每小时仍然能产生 2—3 颗流星。17 日左右，小熊座流星雨开始活跃，22 日达到极大。小熊座流星雨的流量也很低，但不时有小规模的爆发。我们也鼓励观测者从 19 日到 24 日监测室女座的活动，那里可能存在一个新的流星雨。室女座流星雨在 20 日达到极大，而且从室女座北部可能产生高速的流星。

/ 第十章 /

流星观测组织

我们鼓励各位有志于流星观测的观测者加入一个专门从事流星观测的组织，无论是国内的或者国际的。这些团体可以提供一些关于流星的最新预报，也经常提供成员之间互相分享的观测数据。本章将介绍一些在美国和国际上比较活跃的观测组织，作者也提供了这些组织的特长和相关的细节。

我们鼓励观测者加入地方的、国家的以及国际的流星组织。这些团体可以提供有价值的信息，让你更为明智地选择观测流星的位置，与其他成员共享一些对观测有用的信息和观测数据。下面所列出的团体按照名称的首字母排序，它们都是为观测流星而成立的，相关信息在互联网上可以很容易地找到。在本书中我们提供了一些基本的信息，如网站，以方便读者与这些组织取得联系。你当地的天文协会可能也有对观测流星感兴趣的人，所以你也可以尝试联系他们。

1998 年到 2002 年是狮子座流星暴的一个重要时期。在那段时间里，涌现出很多流星观测者，他们提供了大量的关于该流星暴的信息，也包括了其他流星雨的一般信息。在 2002 年之后人们的兴趣开始下降，一些经营这些网站的人从那之后就放弃了这方面的工作；因此，很遗憾，下面的一些网站可能有点过时。

美国流星协会（AMS）

全称为 American Meteor Society，这是美国历史最悠久的流星观测组织，成立于 1911 年。美国流星协会会发布关于流星观测的提示，以及近期流星观测和可能出现的火流星的列表。此外，它有一个视频栏目，会时常更新观测视频。另外，它还创办了一份名为《流星轨迹》（*Meteor Trails*）的季刊。其网站上提供了关于流星观测的大量信息，比如，记录火流星时可能用到的电子邮件表格（http://www.amsmeteors.org/）。

国际月球和行星观测者协会流星分会（ALPO）

国际月球和行星观测者协会（Association of Lunar and Planetary Observers）有一个分支机构，专门提供全年流星雨的观测信息。他们还主办了一份关于流星最新活动信息的季刊（http:// alpo-astronomy.org/）。

德国流星观测小组（AKM）

全称为 Arbeitskreis Meteore e.V.，这是一个位于德国的流星观测组织，专门从事有关流星、晕（halos）和其他大气现象的研究。他们主办了一份令人印象深刻的通讯杂志，名为《流星》（*Meteoros*），网址是 http://www.meteoros.de/。

天文学会流星部

全称 Astronomical Society Ursa Meteor Section，这个芬兰的流星观测组织成立于 1976 年，鼓励成员每年观测 50 小时，记录 500 颗流星。它在 *ASU* 期刊上的 *Bolides*（意为火流星）栏目下发表文章（http://www.ursa.fi/ursa/jaostot/meteorit/indexeng.html）。

英国天文学会流星分会

全称 British Astronomical Association（BAA）Meteor Section，该组织经常发布一些新闻简报以及组织内部会议，来帮助观测者更好地进行观测。该组织会在网站上提前预告它的活动（http://www.britastro.org/info/meteor.html）。

荷兰流星协会（DMS）

全称为 Dutch Meteor Society，这是一个观测技术水平超高的团体，他们从事许多关于流星观测的专业工作，其中最有名的是他们在摄影和视频记录方面的能力。他们覆盖了流星观测的所有领域，并主办了一份令人印象深刻的通讯杂志，名为《辐射体》（*Radiant*）。协会网址是 http://home.planet.nl/~terkuile/index.html。[①]

国际天文学联合会 22 号委员会（IAU）

国际天文学联合会（International Astronomical Union）的 22 号委员会研究太阳系中比小行星和彗星小的天体。他们的网站提供了本书中提到的诸多流星雨的详细信息（http://meteor.asu.cas.cz/IAU/）。

国际流星组织（IMO）

全称为 International Meteor Organization，建立于 1988 年，旨在为流星观测确立通用的标准和观测方法，同时，为流星观测数据制定统一的记录标准。在成立初期，这些标准和方法的推广遇到了一些阻力，因为世界各地的不同流星观测组织都希望保留

---

① 该网址已不可用，读者可查询该协会的网站主页：https://www.dutch-meteor-society.nl/。——译者注

自己使用的方法。但是，随着 IMO 工作人员克服众多阻力，基本上成功地推广了统一的标准。现在世界各地最活跃的流星观测团体都选择与 IMO 合作。IMO 的网站是一个宝贵的信息来源，特别是在对最新流星雨的分析方面做得特别出色。IMO 主办的杂志 *WGN* 也被认为是全世界最好的杂志之一，此外，IMO 还会赞助每年一度的国际流星会议。在这些会议上，来自世界各地的流星爱好者相互分享彼此的热情。通常，这个会议每年 9 月在欧洲不同的国家举行（http://www.imo.net/）。

MBK 团体

MBK 团队由一群来自斯洛文尼亚的活跃的流星观测者组成，他们对彗星、日食、极光和太阳特别感兴趣。该团体成立于 1999 年，目的是进一步深化对这些方面的探索和研究，并研究世界各地值得关注的相关天文现象，比如流星暴（http://www.orion-drustvo.si/MBKTeam/ mbkteam.html）。

Meteorobs

Meteorobs 是一个全球性的电子论坛，爱好者们可以在此交流关于流星的理论研究和观测方法。该论坛会邀请各个不同层次的流星爱好者分享自己关于流星观测的想法以及获得的观测数据（http://www.meteorobs.org/）。

日本流星协会（NMS）

全称为 The Nippon Meteor Society，该协会旨在促进流星的理论研究和观测方法创新，并致力加强成员之间的联系和互助，同时传播相关的科普知识，其成员包括相关专业的科学家和一些业余观测爱好者（http://www.nms.gr.jp/en/）。

北美流星协会（NAMN）

全称为 North American Meteor Network，该组织成立于 1995 年，旨在加强偶发流星和流星雨的宣传。只组织线上活动，没有会费或者其他费用。他们的网站提供了不少有价值的信息，如相关书籍和观测用品等（http:// www.namnmeteors.org/）。

彗星和流星研究所

全称为 Pracownia Komet i Meteorów，这个波兰的火流星观测组织为波兰流星观测者提供了一个良好的交流平台。他们还出版了一本名为 *Cyrqlarz* 的期刊（http:// www.pkim.org/）。

射电观测通讯（RMOB）

全称为 Radio Meteor Observers Bulletin，建立于 1993 年，旨在通过互联网分享射电观测数据。目前，它既涵盖了射电数据分享，也包括了射电观测的其他方面，如技术平台搭建。他们的网站提供了不少有价值的信息，并且更新比较及时（http:// visualrmob.free.fr/index.php）。

西班牙流星和彗星观测者协会（SOMYCE）

全称是 Sociedad de Observadores de Meteoros y Cometas de España，该组织是由天文学家以及流星、彗星和小行星的专职观测者组成的，成立于 1987 年，至今仍是世界上最活跃的观测者团体之一（http://www.iac.es/AA/SOMYCE/somycee.html）。

西班牙流星摄影协会（SPMN）

全称为 Spanish Photographic Meteor Network，这个团体也被称为西班牙火流星观测协会，建立于 1997 年，主要研究星际物质，该组织最为人称道的是开发了一种能拍摄全天的高分辨率相机（http://www.spmn. uji.es/ ）。

大众天文学会流星分会

全称为 Society for Popular Astronomy（SPA）Meteor Section，会员们可以在此学习流星观测的技巧；同时，其官方网站质量很高，提供了很多有价值的信息（http://www. popastro.com/sections/meteor.htm ）。[①]

意大利天体物理协会流星分会

全称为 Unione Astrofili Italiani Sezione Meteore，意大利天体物理协会流星分会可以为意大利的流星观测者提供及时的观测信息；另外，还提供了一个非常有用的火流星观测数据分享平台（http://meteore.uai.it/ ）。

---

① 该网址已不可用，该协会的流星分会网址为 https://www.popastro.com/main_spa1/meteor/。——译者注

附

录

流星雨日历

流星雨名称	活动期	极大		极大时辐射体位置		平均速度（英里/秒）	R指数	ZHR	类别
		日期	太阳经度（度）	赤经	赤纬（度）				
反日点流星雨	11.25—9.30	—	—	—	—	19	3.0	3	II
象限仪座流星雨	1.01—1.05	1.03	283.16	15:20	+49	30	2.1	120	I
半人马座α流星雨	1.28—2.21	2.08	319.2	14:04	−59	35	2.0	5	II
狮子座δ流星雨	2.15—3.10	2.25	336	11:12	+16	14	3.0	2	II
矩尺座γ流星雨	2.25—3.22	3.13	353	15:56	−50	35	2.4	4	II
天琴座流星雨	4.16—4.25	4.22	032.32	18:08	+34	30	2.1	18	I
船尾座π流星雨	4.15—4.28	4.23	033.5	07:20	−45	11	2.0	可变	III
宝瓶座η流星雨	4.19—5.28	5.05	045.5	22:36	−01	41	2.4	60	I
天琴座η流星雨	5.03—5.12	5.08	048.4	19:08	+44	27	3.0	3	II
六月牧夫座流星雨	6.22—7.02	6.27	095.7	14:56	+48	11	2.2	可变	III
南鱼座流星雨	7.15—8.10	7.27	125	22:44	−30	22	3.2	5	II
宝瓶座δ流星雨	7.12—8.19	7.27	125	22:48	−15	25	3.2	20	I
摩羯座α流星雨	7.03—8.15	7.29	127	20:28	−10	14	2.5	4	II
英仙座流星雨	7.17—8.24	8.12	140	03:08	+58	37	2.6	100	I
天鹅座κ流星雨	8.03—8.25	8.18	145	19:04	+59	16	3.0	3	II
御夫座流星雨	8.25—9.08	9.01	158.6	05:36	+42	41	2.6	7	II
九月英仙座流星雨	9.05—9.17	9.09	166.7	04:00	+47	40	2.9	5	II
御夫座δ流星雨	9.18—10.10	10.03	191	05:52	+49	40	2.9	3	II
天龙座流星雨	10.06—10.10	10.08	195.4	17:28	+54	12	2.6	可变	III
双子座ε流星雨	10.14—10.27	10.18	205	06:48	+27	43	3.0	2	II
猎户座流星雨	10.02—11.07	10.21	208	06:24	+16	41	2.5	25	I
小狮座流星雨	10.19—10.27	10.24	211	10:48	+37	39	2.7	2	II
金牛座南部流星雨	9.25—11.25	11.05	223	03:28	+15	17	2.3	5	II
金牛座北部流星雨	9.25—11.25	11.12	230	03:52	+22	18	2.3	5	II
狮子座流星雨	11.10—11.23	11.19	235.27	10:08	+21	44	2.5	可变	III
麒麟座α流星雨	11.15—11.25	11.21	239.32	07:48	+01	40	2.4	可变	III
凤凰座流星雨	11.28—12.09	12.06	254.25	01:12	−53	11	2.8	可变	III
船尾座—船帆座流星雨	12.01—12.15	12.06	255	08:12	−45	25	2.9	10	II
麒麟座流星雨	11.27—12.17	12.08	257	06:40	+08	26	3.0	2	II
长蛇座σ流星雨	12.03—12.15	12.11	260	08:28	+02	36	3.0	3	II
双子座流星雨	12.07—12.17	12.14	262.2	07:28	+33	22	2.6	120	I
后发座流星雨	12.12—1.23	12.20	268	11:48	+25	40	3.0	5	II
小熊座流星雨	12.17—12.26	12.22	270.7	18:20	+75	21	3.0	10	I

主要流星雨极大活动时的月光条件（2008—2040）

年份	象限仪座流星雨	天琴座流星雨	宝瓶座η流星雨	宝瓶座δ流星雨	英仙座流星雨	猎户座流星雨	狮子座流星雨	双子座流星雨	小狮座流星雨
2008	24	16	00	23	11	21	20	16	24
2009	06	26	12	06	20	03	02	26	05
2010	17	7	20	15	02	12	12	08	15
2011	27	18	02	27	13	22	21	18	25
2012	09	01	13	08	24	06	06	01	09
2013	19	11	24	19	05	17	15	12	18
2014	02	21	05	01	16	27	25	21	00
2015	12	04	15	10	26	08	06	03	11
2016	22	14	26	22	09	20	18	14	22
2017	05	24	09	04	18	02	00	25	03
2018	15	07	18	14	01	11	10	06	14
2019	25	17	01	23	11	21	20	16	24
2020	07	00	12	07	22	05	03	00	07
2021	18	09	23	17	04	15	13	10	17
2022	01	20	03	28	14	25	23	19	27
2023	11	02	14	09	25	06	05	02	10
2024	20	13	25	20	07	18	17	13	21
2025	04	21	08	02	17	00	27	24	01
2026	14	05	17	12	00	10	08	04	12
2027	24	15	27	22	10	20	18	15	23
2028	05	27	10	06	20	01	01	26	06
2029	17	07	21	16	01	13	11	09	16
2030	28	18	02	26	13	23	22	19	25
2031	09	01	12	07	23	05	04	00	08
2032	19	12	24	19	05	18	15	12	19
2033	02	21	06	01	16	27	26	22	01
2034	13	04	16	11	26	08	06	03	11
2035	23	14	26	20	09	19	18	13	22
2036	04	24	09	02	18	28	00	24	03
2037	14	07	18	12	10	09	10	04	14
2038	24	17	01	22	11	19	20	15	24
2039	05	00	12	06	22	02	03	26	07
2040	17	09	23	16	04	12	13	09	17

数字表示月相的变化，以天为单位：

新月＝0，上弦月＝7，满月＝14，下弦月＝21

专业术语释义

Activity period **活动期**

流星的 ZHR 等于或超过 1 的日期。

Altitude **高度**

物体在天空中的高度，0 度表示在地平线，90 度表示在天顶。

Class **类别**

I 类是年度大型流星雨，II 类是年度小型流星雨，III 类是可变流星雨。

Declination(Dec) **赤纬**

以赤道平面经过春分点的垂面作为参考面，天体距离参考平面的角度。范围从 –90 到 90 度，从北天极看，逆时针方向为正。

Local Standard Time(LST) **当地标准时间**

已经修正了不同时区可能会产生的时间差，因此，可以作为观测的直接参考，不需要转换。

Nadir **天底**

天空的最低点。[1]

"r" **r 指数**

星等之间的比值。r 值越高，流星雨越暗。[2]

Right ascension(RA) **赤经**

以赤道平面作为参考面，天体距离该参考面的角度。范围从 0 度到 360 度，向北为正。

Solar longitude **太阳经度**

太阳以度数表示的日期，以北半球春分（3 月 21 日）日为 0 度。[3]

Zenith **天顶**

头顶正上方的天空。

Zenith hourly rate (ZHR) **每小时天顶流星数**

当辐射体位于天顶时，在极限星等为 6.5 等的条件下，每小时流星的数量。

---

① 天底是与天顶相对的概念。——译者注
② r 指数，也叫 population index，代表的是流星星等分布的情况。这个值越大，表明在所有流星中暗弱的流星占比越高。比如，2.5 表示亮的流星占比比暗的高，3 表示暗的流星占比比亮的高。——译者注
③ 这是为了定量地表示太阳与地球的相对位置而引入的量。北半球春分为 0 度，北半球秋分为 180 度，北半球夏至为 90 度，北半球冬至为为 270 度。——译者注

星座名称

Andromeda 仙女座

Antlia 唧筒座

Apus 天燕座

Aquarius 宝瓶座

Aquila 天鹰座

Ara 天坛座

Aries 白羊座

Auriga 御夫座

Boötes 牧夫座

Caelum 雕具座

Camelopardalis 鹿豹座

Cancer 巨蟹座

Canes Venatici 猎犬座

Canis Major 大犬座

Canis Minor 小犬座

Capricornus 摩羯座

Carina 船底座

Cassiopeia 仙后座

Centaurus 半人马座

Cepheus 仙王座

Cetus 鲸鱼座

Chameleon 蝘蜓座

Circinus 圆规座

Columba 天鸽座

Coma Berenices 后发座

Corona Australis 南冕座

Corona Borealis 北冕座

Corvus 乌鸦座

Crater 巨爵座

Crux 南十字座

Cygnus 天鹅座

Delphinus 海豚座

Dorado 剑鱼座

Draco 天龙座

Equuleus 小马座

Eridanus 波江座

Fornax 天炉座

Gemini 双子座

Grus 天鹤座

Hercules 武仙座

Horologium 时钟座

Hydra 长蛇座

Indus 印第安座

Lacerta 蝎虎座

Leo 狮子座

Leo Minor 小狮座

Lepus 天兔座

Libra 天秤座

Lupus 豺狼座

Lynx 天猫座

Lyra 天琴座

Mensa 山案座

Microscopium 显微镜座

Monoceros 麒麟座

Musca 苍蝇座

Norma 矩尺座

Octans 南极座

Ophiuchus 蛇夫座

Orion 猎户座

Pavo 孔雀座

Pegasus 飞马座

Perseus 英仙座

Phoenix 凤凰座

Pictor 绘架座

Pisces 双鱼座

Piscis Austrinus 南鱼座

Puppis 船尾座

Pyxis 罗盘座

Reticulum 网罟座

Sagitta 天箭座

Sagittarius 人马座

Scorpius 天蝎座

Sculptor 玉夫座

Scutum 盾牌座

Serpens 巨蛇座

Sextans 六分仪座

Taurus 金牛座

Telescopium 望远镜座

Triangulum 三角座

Triangulum Australe 南三角座

Tucana 杜鹃座

Ursa Major 大熊座

Ursa Minor 小熊座

Vela 船帆座

Virgo 室女座

Volans 飞鱼座

Vulpecula 狐狸座

术语译名对照表

Absolute magnitude 绝对星等

Achernar（Alpha Eridani）水委一（波江座 α 星）

Aldebaran（Alpha Tauri）毕宿五（金牛座 α 星）

Alhena（Gamma Geminorum）井宿三（双子座 γ 星）

Alnitak（Zeta Orionis）参宿一（猎户座 ζ 星）

Alpheratz（Alpha Andromedae）壁宿二（仙女座 α 星）

Alkaid（Eta Ursae Majoris）瑶光（大熊座 η 星）

Alkalurops（Mu Boötis）七公六（牧夫座 μ 星）

Almach（Gamma Andromedae）天大将军一（仙女座 γ 星）

Alpha Capricornids 摩羯座 α 流星雨

Alpha Centaurids 半人马座 α 流星雨

Alpha Circinids 圆规座 α 流星雨

Alpha Hydrids 长蛇座 α 流星雨

Alpha Lyrids 天琴座 α 流星雨

Alpha Monocerotids 麒麟座 α 流星雨

Alpha Pyxidids 罗盘座 α 流星雨

Alphard（Alpha Hydrae）星宿一（长蛇座 α 星）

Altair（Alpha Aquilae）河鼓二（天鹰座 α 星）

Altitude 高度

American Meteor Society（AMS）美国流星协会

Andromedids 仙女座流星雨

Angular velocity 角速度

Antapex 反顶点

Antiapex meteors 反顶点流星

Antihelion meteors 反日点流星

Apex attraction 向点吸引力

Apex meteors 顶点流星

April activity 四月流星活动

April Draconids 四月天龙座流星雨

April Piscids 白昼四月双鱼座流星雨

Arbeitskreis Meteore e. V.（AKM）德国流星观测小组

Arcturus（Alphass Boötis）大角星（牧夫座 α 星）

Arietids 白羊座流星雨

Association of Lunar and Planetary Observers Meteors Section（ALPOMS）国际月球和行星观测者协会流星分会

Astronomical Society Ursa Meteor Section 天文学会流星部

August activity 八月流星活动

August Capricornids 八月摩羯座流星雨

August Draconids 八月天龙座流星雨

Aurigids 御夫座流星雨

Bellatrix（Gamma Orionis）参宿五（猎户座 γ 星）

Beta Aquariids 宝瓶座 β 流星雨

Beta Hydrusids 水蛇座 β 流星雨

Beta Leo Minoris 小狮座 β 流星雨

Beta Taurids 白昼金牛座 β 流星雨

Betelgeuse（Alpha Orionis）参宿四（猎户座 α 星）

Binoculars 双筒望远镜

Black cord 黑线

Breaks 破晓

British Astronomical Association Meteor Section
（BAAMS）英国天文学会流星分会

Canopus（Alpha Carinae）老人星（船底座
α 星）

Capella（Alpha Aurigae）五车二（御夫座
α 星）

Capricornids/Sagittariids 白昼摩羯座—人马
座流星雨

Cassette recorder 卡带录音机

Castor（Alpha Geminorum）北河二（双子
座 α 星）

Chertan（Theta Leonis）西次相（狮子座 θ 星）

Chi Capricornids 白昼摩羯座χ流星雨

Cirrus clouds 薄卷云

Color 颜色

Coma Berenicids 后发座流星雨

Comet C1983 H₁ / IRAS-Araki-Alcock
C1983 H₁ 彗星

Comet 1P/Encke 恩克彗星

Cor Carol (Alpha Canum Venaticorum) 常陈一
（猎犬座 α 星）

Dabih（Beta¹ Capricornii）牛宿一（摩羯座
β¹ 星）

Daylight Arietids 白昼白羊座流星雨

Daytime showers 白昼流星雨

Diphda（Beta Ceti）土司空（鲸鱼座 β 星）

Distance from the Center of your Vision
（DCV）距离视场中心的距离

December activity 十二月流星活动

45 Degree rule 45 度规则

Delta Aquariids 宝瓶座 δ 流星雨

Delta Aurigids 御夫座 δ 流星雨

Delta Cygni 天鹅座 δ 流星雨

Delta Leonids 狮子座 δ 流星雨

Delta Persei 英仙座 δ 流星雨

Delta Piscids 白昼双鱼座 δ 流星雨

Deneb（Alpha Cygni）天津四（天鹅座 α 星）

Denebola（Beta Leonis）五帝座一（狮子座
β 星）

Draconids（Giacobinids）天龙座流星雨（贾
可比尼流星雨）

Duration 持续时间

Dutch Meteor Society（DMS）荷兰流星协会

Earthgrazers 掠地流星

Electrophonic meteor sounds 电声变换流星声

Epsilon Arietids 白昼白羊座 ε 流星雨

Epsilon Cassiopeiids 摩羯座 ε 流星雨

Epsilon Geminids 双子座 ε 流星雨

Epsilon Ursa Minorids 小熊座 ε 流星雨

Epsilon Virginids 室女座 ε 流星雨

Eta Aquariids 宝瓶座 η 流星雨

Eta Lyrids 天琴座 η 流星雨

Eta Normae 矩尺座 η 流星雨

Fawaris（Delta Cygni）天津二（天鹅座 δ 星）

February activity 二月流星活动

February Sextantids 二月六分仪座流星雨

Fireballs 火流星

Fomalhaut（Alpha Piscis Austrinus）北落师
门（南鱼座 α 星）

Furud（Zeta Canis Majoris）孙增一（大犬
座 ς 星）

Gamma Delphinids 海豚座γ流星雨

Gamma Leonids 白昼狮子座 γ 流星雨

Gamma Normids 矩尺座 γ 流星雨

Geminids 双子座流星雨

Gnomic star charts Gnomic 星图

Hadar（Beta Centauri）马腹一（半人马座
β 星）

Hadir（Sigma Puppis）弧矢增二十四（船尾座 σ 星）

Halley's Comet 哈雷彗星

Hamal（Alpha Arietis）娄宿三（白羊座 α 星）

Helion meteors 近日点流星

International Astronomical Union（IAU）国际天文学联合会

International Meteor Organization（IMO）国际流星组织

Iridium flares 铱星闪光

Izar（Epsilon Bootis）梗河一（牧夫座 ε 星）

January activity 一月流星活动

January Leonids 一月狮子座流星雨

July activity 七月流星活动

June activity 六月流星活动

June Bootids 六月牧夫座流星雨

June Lyrids（Xi Draconids）六月天琴座流星雨（天龙座 ξ 流星雨）

Kappa Cygnids 天鹅座 κ 流星雨

Kastra（Epsilon Capricornii）垒壁阵二（摩羯座 ε 星）

Kaus Australi（Epsilon Sagittarii）箕宿三（人马座 ε 星）

Kochab（Beta Ursae Minoris）北极二（小熊座 β 星）

Length 长度

Leo Minorids 小狮座流星雨

Leonids 狮子座流星雨

Limiting magnitude 极限星等

Lozenge 菱形星座

Lyrids 天琴座流星雨

Magnitude 星等

March activity 三月流星活动

May activity 五月流星活动

May Arietids 白昼五月白羊座流星雨

Mebsuta（Epsilon Geminorum）井宿五（双子座 ε 星）

MBK team MBK 团体

Menkalinan（Beta Aurigae）五车三（御夫座 β 星）

Meteorites 陨石

Meteorobs 一个关于流星的全球性电子论坛

Meteoroids 流星物质

MeteorScan 一个可以用于分析流星视频数据的软件

Meteor trails 流星轨迹

MetRec 一个可以用于分析流星视频数据的软件

Minchir（Sigma Hydrae）柳宿二（长蛇座 σ 星）

Mintaka（Delta Orionis）参宿三（猎户座 δ 星）

Miram（Eta Persei）天船一（英仙座 η 星）

Monocerotids 麒麟座流星雨

Mu Bootis 牧夫座 μ 流星雨

Naos（Zeta Puppis）弧矢增二十二（船尾座 ζ 星）

Nekkar（Beta Bootis）七公增五（牧夫座 β 星）

Nippon Meteor Society（NMS）日本流星协会

North American Meteor Network（NAMN）北美流星协会

Northern September Lyncids 九月天猫座北部流星雨

Northern Taurids 金牛座北部流星雨

North June Aquilids 六月天鹰座北部流星雨

November activity 十一月流星活动

November Orionids 十一月猎户座流星雨

Nunki（Theta Sagittarius）斗宿四（人马座 θ 星）

Telescopic observations 望远镜观测

Terminal burst 末端爆发

Thermosphere 热层

Theta Leonis 狮子座 θ 流星雨

Thuban（Alpha Draconis）右枢（天龙座α星）

Toroidal meteors 环形流星

Trails 轨迹

UFOCapture 一个流星视频数据分析软件

Unione Astrofili Italiani Sezione Meteor 意大
利天体物理协会流星分会

Ursids 小熊座流星雨

Vega（Alpha Lyrae）织女星（天琴座 α 星）

Venus 金星

Video observations 视频观测

Vindemiatrix（Epsilon Virginis）东次将（室女
座 ε 星）

Virginids 室女座流星雨

Zenith attraction 天顶引力

Zeta Cancrids 巨蟹座 ς 流星雨

Zeta Perseids 白昼英仙座 ς 流星雨

致

谢

我首先要感谢 Carina 软件公司的支持。是他们授权我使用他们的软件(Sky Chart III, release 3.5.1)来制作本书中的所有图表。这些图表在书中起到了不可或缺的作用，标记出了每一颗流星出现的位置以及尾焰的漂移方向。

　　我还要感谢彼得·杰尼斯肯斯博士，感谢他花费大量的时间和精力编写《流星雨和它们的母彗星》(*Meteor Showers and Their Parent Comets*)一书。这本书在我的写作过程中一直是重要的参考资料来源，也为那些对流星雨持有强烈兴趣的人提供了丰富的参考资料，我建议对流星雨感兴趣的人读一读它。

　　我还要感谢大卫·迈塞尔博士和美国流星协会理事会的资助。他们提供的资金主要用来购买和组装 AMS 摄像机系统。同时，我也要感谢彼得·古拉尔，他协助我购买了一系列配件，并帮助我完成了系统的组装工作。本书中大部分流星照片便出自这个摄像系统。

　　最后，我想感谢希尔科·莫劳的帮助。为了记录流星出现的方位和轨迹，除了硬件设备，软件也是不可或缺的。正是他帮助我设置了上述摄像系统的软件部分。他提供的出色的软件 MetRec，帮助我分析了每晚记录的流星，并记下相关数据，从而为我节省了大量的工作时间。

罗伯特·伦斯福德

2008 年 2 月 14 日

图书在版编目（CIP）数据

观测流星 ／（美）罗伯特·伦斯福德著；何紫朝译.
上海：上海三联书店，2024.9．——（仰望星空）.
ISBN 978-7-5426-8624-4

I.P185.82

中国国家版本馆 CIP 数据核字第 202428BJ46 号

观测流星

著　　者／	〔美国〕罗伯特·伦斯福德
译　　者／	何紫朝
责任编辑／	王　建　樊　钰
特约编辑／	张士超
装帧设计／	字里行间设计工作室
监　　制／	姚　军
出版发行／	上海三联书店
	（200041）中国上海市静安区威海路755号30楼
联系电话／	编辑部：021-22895517
	发行部：021-22895559
印　　刷／	三河市中晟雅豪印务有限公司
版　　次／	2024 年 9 月第 1 版
印　　次／	2024 年 9 月第 1 次印刷
开　　本／	960×640　1/16
字　　数／	114千字
印　　张／	22.25

ISBN 978-7-5426-8624-4 / P·16

定　价：45.80元

著作权合同登记号　图字：10-2022-209 号